Agathe Gandaa

Professionell telefonieren

Alles, was Sie wissen müssen

Agathe Gandaa

Professionell telefonieren

Alles, was Sie wissen müssen

2., korrigierte Auflage

UVK Verlag · München

Bibliografische Information der Deutschen Nationalbibliothek

Die Deutsche Nationalbibliothek verzeichnet diese Publikation in der Deutschen Nationalbibliografie; detaillierte bibliografische Daten sind im Internet über http://dnb.dnb.de abrufbar.

– ein Unternehmen der Narr Francke Attempto Verlag GmbH + Co. KG,
Dischingerweg 5, D-72070 Tübingen

Internet: www.narr.de
eMail: info@narr.de

Einbandmotiv: © iStockphoto · sturti
Figurenzeichnungen: Elisa Schechler, Eching
Druck und Bindung: CPI books GmbH, Leck

ISBN 978-3-7398-3082-7 (Print)
ISBN 978-3-7398-8082-2 (ePDF)
ISBN 978-3-7398-0015-8 (ePub)

Vorwort

Das Telefon begleitet mich schon fast mein ganzes Leben lang – das geht Ihnen sicher genauso, oder? Wann haben Sie zum ersten Mal telefoniert? Ich war schätzungsweise 2 oder 3 Jahre alt, als ich das erste Mal mit meiner Patentante telefoniert habe. Damals hatte das Telefon noch einen Ehrenplatz, den sogenannten Telefontisch und es hatte natürlich eine Wählscheibe.

Mal ganz ehrlich: Da fragt man sich: „Warum ein Fachbuch zum Thema Telefonieren? – Telefonieren können wir doch alle!" Und wenn auch Sie sich das fragen, dann haben Sie natürlich recht! Ich bin mir absolut sicher, dass Sie das schon können. Warum also ein Buch zu so einem trivialen Thema?

Nach meinem Studium der Sozial- und Verhaltenswissenschaften habe ich angefangen das Telefon im Beruf zu nutzen, als Beraterin und später zur Terminvereinbarung im Vertrieb. Seither habe ich festgestellt, dass sich das professionelle Telefonieren doch sehr von den Telefonaten mit meiner Patentante unterscheidet. Seit 2001 arbeite ich als Telefontrainerin, habe Unmengen an Literatur gelesen, Tausende von Kundentelefonaten mitangehört, mich mit vielen Trainerkollegen ausgetauscht und wundere mich immer wieder, wie viele Ideen es dazu gibt, was ein Telefonat „professionell" macht. Inzwischen bin ich zur Überzeugung gekommen, dass es nicht *die* richtige Antwort auf die Frage „was macht ein Telefonat professionell?" gibt. Es gibt viele Antworten darauf – mindestens so viele Antworten wie es Unternehmen gibt und noch viel mehr, da auch wir als Menschen uns unterscheiden und unsere Anrufer das Bedürfnis haben, mit echten Menschen am Telefon zu sprechen. Sie möchten nicht mit vorgefertigten Phrasen oder abgelesenen Gesprächsleitfäden abgespeist werden. Natürlich gibt es einige bewährte Ideen zum Thema Businesstelefonate und sehr gute Kommunikationsmodelle, die wir uns zu Nutzen machen können. Jedoch ohne Sie, Ihre Kunden und Ihr Unternehmen zu kennen, kann ich Ihnen nicht sagen: „Machen Sie es so, so ist es immer richtig." Ich kann Ihnen Empfehlungen geben, was sich bewährt hat und Sie können dieses Buch als Ideenschatz für Ihre eigenen Telefonate nutzen. Seien Sie gerne kritisch und fragen Sie sich dabei immer: „Passt das zu mir, passt das zu unseren Kunden und passt das zu unserem Unternehmen und dessen Leitlinien?" Als hinterfragende Begleiter des Buches stelle ich Ihnen später auch noch meine Kolleginnen Frau Dr. Krittel und Frau Frama vor, die viele kritische Gedanken äußern, die auch meine Seminarteilnehmer und Coaching-Kunden so äußern, und damit einen wertvollen zweiten Blick auf meine Empfehlungen werfen.

Da ich bei meiner Arbeit selbst sehr viel telefoniere und als Trainerin und Coach Tausende von „Betroffenen“ begleitet habe und mich dabei als stetig Lernende begreife, ist die wichtigste Quelle, auf die ich mich beziehe, die praktische Erfahrung. Keine der Theorien und Ansätze, die ich Ihnen vorstelle, ist ungetestet, und alles hat sich vielfach bewährt.

Denken Sie dabei an folgende drei „Lebensweisheiten“:

- Wer nicht wagt, der nicht gewinnt.
- Einmal ist keinmal.
- Übung macht den Meister.

Neue Sprachgewohnheiten zu erlernen ist wie das Lernen eines neuen Bewegungsablaufs, wie z.B. das Radfahren. Es lässt sich nur bedingt theoretisch erschließen und muss praktisch erprobt und geübt werden. Beurteilen Sie die Ansätze nicht theoretisch, sondern probieren Sie alles aus. Wenn es Ihnen beim ersten Mal nicht wirklich gelingen mag oder Sie sich dabei komisch oder unecht fühlen, lassen Sie sich nicht beirren. Wenn Sie etwas Neues erstmalig ausprobieren, fühlt es sich naturgemäß erst einmal fremd oder falsch an – einfach, weil es ungewohnt ist. Darum geben Sie den Ideen immer eine zweite und dritte Chance.

Doch das soll nicht heißen, dass Sie alles für sich übernehmen müssen. Vielmehr versteht sich dieses Buch als Angebot. Fühlen Sie sich frei, nur das auszuwählen, was Ihnen von Nutzen ist – wie in einem Supermarkt der Möglichkeiten.[1]

Besser noch als im Supermarkt: Sie dürfen alles ausprobieren, und was Ihnen nicht gefällt, müssen Sie nicht behalten.

Über einen Erfahrungsaustausch mit Ihnen freue ich mich – schreiben Sie mich gerne unter telefonbuch@gandaa.de an.

Noch ein wichtiger Hinweis: Aus Gründen der besseren Lesbarkeit wird im Buch ausschließlich die männliche Form verwendet. Sie bezieht sich auf Personen beiderlei Geschlechts, mit Kunden sind also auch Kundinnen und mit Mitarbeitern auch Mitarbeiterinnen gemeint.

---

[1] Die Metapher des Supermarktes habe ich von Vera Birkenbihl entliehen.

Hinweise zum Buch

Dieses Buch eignet sich wunderbar für Sie, wenn Sie ...

- ... selbst beruflich viel mit Kunden, Kollegen und/oder Geschäftspartnern telefonieren oder
- ... als Führungskraft oder Trainer diese Menschen begleiten und unterstützen möchten.

Es soll Ihnen eine Orientierung geben, wie professionelle Kommunikation am Telefon gelingen kann, welche Qualitätsfaktoren die moderne Telefonie ausmachen und wie Sie diese positiv beeinflussen können.

Dabei gibt es messbare Effizienzfaktoren: Mit Effizienz ist in diesem Zusammenhang nicht nur die Dauer eines Telefonates gemeint, sondern in erster Linie das klare Ergebnis. Das kann z.B. sein, dass beiden Seiten nach dem Telefonat klar ist, wer im Anschluss was bis wann tut.

Gleichzeitig hat das Buch das Anliegen, Telefonate erfreulicher und menschlicher zu gestalten. Professionelles Telefonieren soll sich nicht dadurch auszeichnen, dass wir unsere Emotionen unterdrücken oder durch ein antrainiertes Lächeln verschleiern. Ein angemessenes, emotional authentisches Auftreten trägt im Endeffekt zur Effizienz bei, da weniger Irritationen entstehen.

Der Nutzen dieses Buchs für Ihre Telefonate

Um diesen tieferliegenden Prozessen der Kommunikation gerecht zu werden, wurden Forschungsergebnisse und Kommunikationsmodelle wie die Transaktionsanalyse, die 4 Seiten der Nachricht und systemtheoretische Ansätze zur Hilfe genommen.

Das Buch befasst sich sowohl mit der Inbound- als auch der Outbound-Telefonie und dabei auch mit dem Thema Akquise.

Vom Aufbau her ist das Werk dazu geeignet, dass Sie es von vorne bis hinten durchlesen können – wobei ich Sie ermutigen möchte, Kapitel, die Sie nicht betreffen, einfach zu überspringen.

Sie können das Buch auch einfach als Nachschlagewerk nutzen und sich aus dem Inhaltsverzeichnis oder dem Stichwortverzeichnis das heraussuchen, was für Sie interessant ist. Falls das Wissen, das Sie in den einzelnen Kapiteln finden, an anderes Wissen anknüpft, finden Sie entsprechende Querverweise.

Warnhinweise

[1] Dieses Buch ist nicht geeignet, dem Kunden bei absoluter Ahnungslosigkeit hohe Fachkompetenz vorzutäuschen. Wenn Sie Kunden absolut nichts zu sagen haben, wird auch dieses Buch Ihnen keinen Erfolgsschlüssel bieten. Dementsprechend finden Sie zwar viele Formulierungsbeispiele, jedoch wird deren Wirksamkeit nur in Verbindung mit echtem Inhalt und Fachkompetenz garantiert.

[2] Das reine Lesen dieses Buches wird Sie nicht zu einem Telefongott im Kommunikationsolymp machen. Es wird Sie inspirieren und Ihnen neue Perspektiven eröffnen. Doch alle großen Veränderungen und Fortschritte erfordern die vielen kleinen Schritte des praktischen Ausprobierens und Übens.

[3] Als Führungskraft oder Leiter eines externen Dienstleisters, der möglichst billig Callcenter-Leistungen anbieten möchte, sind Sie hier falsch. Die Betonung liegt auf *billig*. Um Missverständnisse zu vermeiden: Ich meine hier nicht die rühmlichen Ausnahmen, bei denen es darum geht, dem Wettbewerb standzuhalten, die Mitarbeiter dennoch als Menschen gesehen und die gesetzlichen Vorgaben eingehalten werden.

Jedoch wenn Ihre Mitarbeiter in fensterlosen Räumen an Arbeitsplätzen, die an Massentierhaltung erinnern, zu Niedriglöhnen 300–400 Calls am Tag produzieren sollen, kann ich Ihnen keine weiteren Tricks zur Effizienz- und Motivationssteigerung liefern.

[4] Dieses Buch ist *nicht* geeignet für jegliche Art von Hardselling. Darunter verstehe ich Vertriebsansätze, die auf schnellen Gewinn ohne moralische Verantwortung abzielen. Ich nenne das gerne die „AUA-Methode“:

A-nhauen

U-mhauen

A-bhauen

Inhalt

1 Frau Frama und Frau Dr. Krittel

Direkt zu Beginn möchte ich Ihnen noch zwei Experten vorstellen, die den Prozess dieses Buches maßgeblich begleiten und Ihnen auf den Seiten immer wieder begegnen werden. Durch das Buch begleiten Sie Frau Frama als Vertreterin der Unternehmensseite. Sie ist eine Neueinsteigerin im telefonischen Kundenservice, hat aber als langjährige Unternehmensmitarbeiterin sehr viel Expertise:

Mit Frau Dr. Krittel konnten wir eine Expertin auf Kundenseite gewinnen, die eine sehr klare Meinung vertritt:

2 Ist das Telefon noch zeitgemäß?

Bevor wir uns dem „wie" der Telefonie annehmen, möchte ich gerne ein „wann" und zuvor ein „ob überhaupt" mit Ihnen überdenken.

Telefon und Fax waren früher aus dem Geschäftsleben nicht wegzudenken. Aber Letzteres hat viele Büros zumindest in der Papierform schon lange verlassen. Nur noch selten sieht man ein traditionelles Faxgerät. Medien sind in einem stetigen Wandel und dem Zeitgeist unterworfen. In meiner Kindheit hatten Telefone noch Wählscheiben und waren nur so mobil, wie die Kabellänge es zuließ. Die Gebühren waren hoch und wenn es klingelte, stritten wir Kinder uns darum, wer drangehen darf. Auch in meiner Studenten-WG war es ein Zeichen von hohem Status, wenn Mitbewohner oft angerufen wurden (die bucklige Verwandtschaft natürlich ausgenommen). Heute ist das anders.

2.1 Warum telefonieren „out" ist

„Wer stört?" So nimmt ein guter Freund private Telefonate an. Diese spaßige Floskel enthält eine wichtige Grundwahrheit: Das Klingeln des Telefons unterbricht uns immer. Wir haben gerade etwas gelesen, uns unterhalten, aufgeräumt oder eine Entspannungspause gemacht – und dann klingelt es. Besonders frustrierend, wenn wir hoch konzentriert arbeiten! Der gerade verfolgte Gedanke zerplatzt wie eine Seifenblase und muss später aufwendig rekonstruiert werden. Da nutzt auch ein: „Passt es bei Ihnen gerade?" oder: „Ich hoffe, ich störe Sie nicht" wenig. Ein Telefonanruf fordert immer von uns, die aktuelle Tätigkeit zu unterbrechen. Und sei es nur, um zu überlegen: „Soll ich rangehen?"

Stefan Schmitt, Ressortleiter bei DIE ZEIT, verurteilt das Telefonieren sogar als eine Kulturtechnik des vorigen Jahrhunderts.[2] Dies bestätigen auch die Zahlen der Bundesnetzagentur. Sie zeigen, dass seit dem Jahr 2010 die Anzahl der Telefonminuten pro Bundesbürger stetig gesunken ist. Vor allem junge Menschen telefonieren weniger und kürzer.

---

[2] Stefan Schmitt „Ruf! Mich! Nicht! An!" Das ZEIT-Magazin Ausgabe Nr. 50/2015

Zunehmend kommunizieren wir per E-Mail, WhatsApp-Nachrichten und anderen Messenger-Diensten – was gegenüber dem Telefonieren den Vorteil bietet, dass die Kommunikation zeitversetzt stattfinden kann. Der Kommunikationspartner ist nicht gezwungen, sofort zu reagieren und kann das Antworten auf einen für ihn passenden Zeitpunkt verschieben. So wird Kontakt aufgenommen und gleichzeitig der Gefahr „zu stören“ ausgewichen.

Es ist hip geworden, diese Kanäle zu nutzen. Hip, da sie weniger echte Gefühle offenbaren. Kein unsicheres Gestammel, kein weinerlicher Tonfall geben etwas über die emotionale Befindlichkeit des Kommunikationspartners preis. Im privaten Umfeld ersetzen Emoticons die Zwischentöne. Im Business-Umfeld werden sozial verträgliche Floskeln eingesetzt. So kann ein Mitarbeiter eine Reklamation, die er persönlich als unangemessen und schroff empfindet, mit einem „Vielen Dank für Ihre offenen Worte“ beantworten.

Am Telefon verraten wir dagegen oft mehr als uns lieb ist – nicht umsonst sind „Stimme“ und „Stimmung“ wortverwandt. Nervosität, Unsicherheit oder Wut lassen sich hier kaum verbergen. Gerade im beruflichen Umfeld kann dies schnell als fehlende Professionalität gedeutet werden. Darum verwundert es nicht, dass ein Mitarbeiter, der sich über eine Reklamation ärgert, nicht zum Hörer greift, sondern lieber eine wohlformulierte E-Mail schreibt, die er vom Kollegen nochmals durchlesen lässt, bevor er sie absendet.

Tatsächlich gibt es inzwischen Unternehmen, die beim Kundenservice die schriftliche Kommunikation bevorzugen. Wenn der Kunde einen schnellen Austausch wünscht, erfolgt dieser via Chat. Keine nervige Warteschleifenmusik, keine Menüs, durch die der Kunde irrt, indem er auf Ziffern tippt, um hoffentlich, irgendwann, beim richtigen Ansprechpartner zu landen. Sowohl der Kunde als auch der Mitarbeiter beim Kundenservice haben die Ergebnisse der Kommunikation dann schwarz auf weiß, was beide als „Sicherheit“ empfinden. Sie werden für beide Parteien verbindlich; Zu- und Absagen bekommen „Beweiskraft“.

Wäre nicht die logische Schlussfolgerung, dass wir das Telefon am Arbeitsplatz einfach abschaffen sollten? Moderne Callcenter haben den Trend längst erkannt und sind mitten im Transformationsprozess zum Multichannel Contact Center. Sie bieten dem Kunden neben dem Kontakt über das Telefon auch Mail, Chat und teilweise sogar Videotelefonie als Optionen an. Daneben bietet das Social Web ein breites Angebot zum Austausch, indem nicht nur die Unternehmen ihre Informationen zu Verfügung stellen, sondern auch Kunden aktiv im Erfahrungsaustausch sind.

Die Ergebnisse der Studie „Trendwende“ von 2016 mit 24.000 Verbrauchern und 1.000 Unternehmen aus 12 Ländern zeigt, dass Unternehmen die Herausforderung meistern müssen, ein gesundes Gleichgewicht zwischen traditioneller und digitaler Kommunikation zu finden, um beim Verbraucher wirklich anzukommen.[3]

Überraschendes Ergebnis der Befragung ist, dass der direkte zwischenmenschliche Kontakt trotz aller Innovationen immer noch die ungeschlagene Nummer 1 ist, wenn es darum geht, wie Kunden Kontakt zu einem Unternehmen suchen.

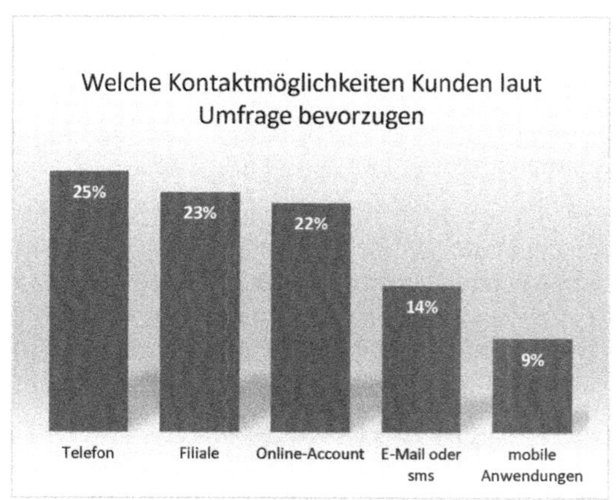

2.2 Schriftkommunikation versus Telefonkommunikation

Was unterscheidet die Schriftkommunikation denn nun genau von der Telefonkommunikation? Lassen Sie uns die beiden Kommunikationsformen einmal im Überblick betrachten:

---

[3] Die Studie im Auftrag von Verint wurde in Zusammenarbeit mit Opinium Research LLP durchgeführt, einem Marktforschungsunternehmen aus Großbritannien. Während der Feldphase vom 23. Juni bis zum 20. Juli 2016 wurden insgesamt 24.001 Verbraucher in den folgenden Ländern befragt: Australien (2.000), Brasilien (2.000), Deutschland (2.000), Frankreich (2.000), Großbritannien (2.001), Indien (2.000), Japan (2.000), Mexiko (2.000), Neuseeland (2.000), Niederlande (2.000), Süd-Afrika (2.000) und USA (2.000).

Schriftkommunikation	Telefonkommunikation
Emotionen lassen sich nur an der Wortwahl erahnen. Ansonsten müssen sie in Worte gefasst werden. Dabei werden vorgefertigte „Sprachregelungen“ vom Leser oft als Floskeln entlarvt.	Emotionen sind hörbar. Das bedeutet, dass ein Kunde die „Einstellung“, die hinter den Worten steht, mit heraushört und dass auf Unternehmensseite emotionale Gehalte einer Botschaft schnell erfasst werden können.
Reaktionen des Lesers können nur vorausgeahnt werden.	Reaktionen des Kommunikationspartners sind unmittelbar erkennbar und nehmen Einfluss auf den Sprecher.
Sätze werden formuliert und gegebenenfalls korrigiert, bevor sie zum Lesen freigegeben werden. Schreiben und Lesen erfolgen zeitversetzt.	Gedanken werden beim Sprechen weiterentwickelt, was u. a. zu Pausen, Korrekturen und grammatikalischen „Fehlern“ führt. Formulieren und Korrigieren erfolgen im Kontakt mit dem Hörer. Sprechen und Hören sind synchron.
Text sollte grammatikalisch und orthografisch fehlerfrei und verständlich sein. Fachworte und Abkürzungen sollten vermieden werden.	Gesprochenes Wort sollte verständlich, nachvollziehbar und stimmig sein. Dazu passt sich der Experte individuell dem Niveau und Sprachgebrauch des Laien an.

Es macht also Sinn abzuwägen, für welche Zwecke die schriftliche Kommunikation sinnvoll ist und wann wir eher zum Hörer greifen sollten. Im Sinne des Servicegedankens sollten Kunden immer die Möglichkeit haben, Anliegen zumindest vorab per Telefon zu klären.

Kurz gefasst können wir festhalten:

Schriftkommunikation	Telefonkommunikation
Geeignet 1. ... für klare Mitteilungen, 2. ... für Empfehlungen oder Fragen ohne emotionalen Sprengstoff 3. ... wenn keine direkte gemeinsame Entscheidung nötig ist 4. ... wenn zeitgleich eine sehr große Zielgruppe erreicht werden soll.	Geeignet, 1. ... wenn eine längere Anschlusskommunikation, z.B. durch Nachfragen zu erwarten ist 2. ... für emotional schwierige Situationen 3. ... wenn kurzfristig ein gemeinsamer Entschluss /eine gemeinsame Vorgehensweise abgestimmt werden soll 4. ... zum Aufbau echter zwischenmenschlicher Beziehungen

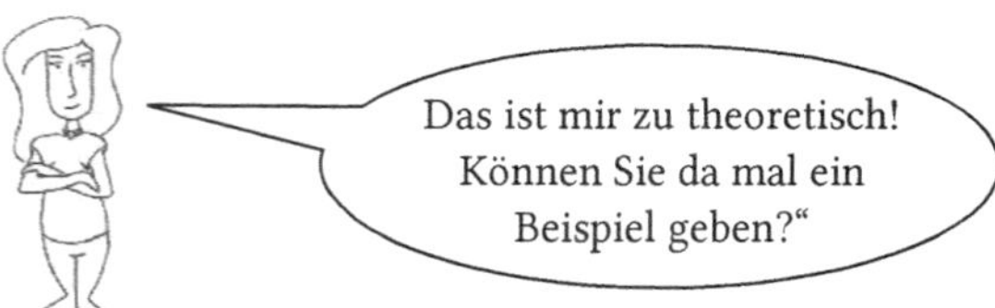

Gerne doch, liebe Frau Frama:

Beispiel 1

Ein Unternehmen möchte seine 2.300 Kunden informieren, dass es neue, erweiterte Öffnungszeiten gibt.

[1] Es handelt sich um eine klare Mitteilung.

[2] Es ist kein Empörungsaufschrei der Kunden zu erwarten.

[3] Die Entscheidung ist getroffen und der Kunde ist nicht aufgerufen, daran etwas zu verändern.

[4] Alle 2.300 Kunden sollten idealerweise zeitgleich von der Neuerung erfahren.

Ein Rundschreiben ist hier die kostengünstigste und geeignete Kommunikationsform.

Beispiel 2

Aufgrund eines Krankheitsfalls müssen 10 bereits mit Kunden vereinbarte Technikertermine für die Installation von Alarmanlagen verschoben werden.

[1] Hier ist zu erwarten, dass Kunden Nachfragen haben.

[2] Die Mitteilung kann für die Kunden ein Ärgernis bedeuten.

[3] Es soll direkt ein neuer gemeinsamer Termin vereinbart werden. Dabei sollte der Kunde mitbestimmen, denn nur er weiß, wann er Zeit hat.

[4] Die Basis einer vertrauensvollen zwischenmenschlichen Beziehung kann hier verhindern, dass der Kunde sich überlegt „abzuspringen" und sich nach einem anderen Anbieter umsieht.

2.3 Telefonischer Kundenservice: Kosten-Nutzen-Analyse

Persönliche Beratung bedeutet für Unternehmen in erster Linie eine Erhöhung der Kosten. Hier schlagen vor allem die Personalkosten zu Buche. Darüber hinaus brauchen Mitarbeiter Arbeitsplätze, Arbeitsmaterialien, müssen geführt und betreut werden, und, und, und ...

Die Digitalisierung ermöglicht hier unglaubliche Einsparmöglichkeiten. Nehmen wir das Beispiel des klassischen Bankinstituts: In meiner Jugend gab es auch auf dem Land in jeder kleinen Ortschaft eine Bankfiliale. Heute nutzt ein Großteil der Kunden das Onlinebanking, und selbst der Bankautomat wird seltener frequentiert, nachdem man sich das Geld jetzt praktisch an der Supermarktkasse mitnehmen kann. Logische Schlussfolgerung ist, dass viele die Bank heute nicht nach der Nähe der nächsten Filiale, sondern nach den Konditionen und Leistungen auswählen. Vielleicht spielen auch persönliche Werte wie Ökologie oder Tradition eine Rolle.

Doch bedeutet dies, dass Bankkunden keine Beratung mehr brauchen? Heute rufen Banken ihre Kunden an, um sie zu Gesprächen einzuladen. Kunden rufen an, wenn es um einen Kredit geht oder sie sich über eine neue Geldanlage informieren möchten. Und genau dieser persönliche Kontakt ist es, der für Unternehmen eine Riesenchance darstellt:

Digitale Kunden, die keinen zwischenmenschlichen Kontakt pflegen, fühlen sich weniger gebunden und wandern schneller ab, wenn es anderswo ein günstigeres Angebot gibt. Auf der anderen Seite steigt die Wahrscheinlichkeit, nach einem guten Service-Erlebnis (am Telefon oder in einer Filiale) einen Service oder ein Produkt zu verlängern, um 40 %, und die Wahrscheinlichkeit für eine positive Rezension steigt um 35 %.[4]

Aus Unternehmenssicht ist Telefonservice zwar teuer, aber für die Kundenbindung auch zwingend erforderlich.

Darüber hinaus spart telefonischer Kundenkontakt manchmal viel Zeit und damit auch Kosten, denn gerade heikle Angelegenheiten lassen sich am Telefon oft schneller und erfolgreicher mit Kunden klären.

---

[4] Studie im Auftrag von Verint 2016

3 Warum das Telefon im Kundenkontakt unverzichtbar ist

Heinrich von Kleist beschrieb 1805 das Phänomen der allmählichen Verfertigung der Gedanken beim Reden.[5] Dabei empfahl er ausdrücklich, über unfertige Gedanken erst einmal zu sprechen, da dies zu einem deutlich besseren Ergebnis führe, als das stundenlange „Brüten“. Diese Erkenntnis kam Kleist, als er nach langem einsamem Grübeln an einer schwierigen Algebra-Aufgabe plötzlich im anschließenden Gespräch mit seiner Schwester eine Lösung fand.

Das Gespräch zwingt den Sprecher, eine bereits vorhandene „dunkle Vorstellung“ zu präzisieren und die eigenen Gedanken zu strukturieren. Kleist ging davon aus, dass wir als Gesprächspartner nicht einmal einen kompetenten Fachexperten brauchen (wobei diese Schlussfolgerung vielleicht auch der Fehlannahme entspringen könnte, dass das weibliche Geschlecht der Schwester ein mathematisches Verständnis ausschließe).

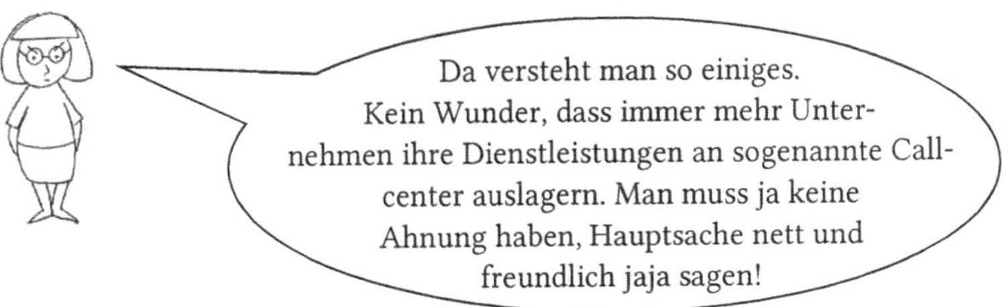

Da sprechen Sie einen wichtigen Punkt an, Dr. Krittel. Die Schlussfolgerung, dass man den Kunden einfach nur reden lassen muss, wäre natürlich grundlegend falsch. Wir übertragen diese Kleist'sche Erkenntnis natürlich auf ein Gespräch eines Kunden mit dem Unternehmen, in dem die Fachkompetenz „zu Hause“ ist.

---

[5] Nachzulesen in: Band 3 von Heinrich von Kleist „Sämtliche Werke und Briefe in vier Bänden“, Herausgeber Siegfried Streller, Anmerkungen von Peter Goldammer, Frankfurt 1986, S. 722–723.

Und nur dann gilt:

Praxistipp

Die Telefonkommunikation ermöglicht ein tieferes gegenseitiges Verständnis. Das Sprechen erleichtert die Lösungsfindung und bringt oft eine enorme Zeitersparnis.

3.1 Inbound – Warum Kunden bei Unternehmen anrufen

Inbound und Outbound stehen für die Richtung eines Anrufs zwischen Unternehmen und Kunde. Wer ruft also wen an, ist hier die Frage, und damit auch: wer hat ein Anliegen an wen. Während bei der Inbound-Telefonie der Kunde das Unternehmen kontaktiert, bedeutet Outbound-Telefonie, dass der Anruf vom Unternehmen zum Kunden ausgeht. Outbound lässt sich somit auch mit „ausgehend" und Inbound mit „eingehend" übersetzen.

Das Telefon klingelt und Sie gehen ran – ein einkommender Anruf – im professionellen Umfeld spricht man von einem Inbound-Gespräch.

Bei der Studie von Verint 2016[6] gaben 64 % der Befragten an, dass sie es nicht gerne mit Unternehmen zu tun haben, die keine Telefonnummer auf ihrer Webseite veröffentlichen. Das Schaubild zeigt, dass immerhin 48 % der Befragten das Gespräch von Mensch zu Mensch als Kontaktweg bevorzugen.

Doch warum ist das so? Lassen Sie uns im Folgenden verschiedene Gründe beleuchten.

3.1.1 Als Laie schnell einen Expertenrat erhalten

Kennen Sie die Situation? Sie haben sich ein neues Gerät, wie z.B. einen Drucker, ein Laptop oder ein Smartphone gekauft und versuchen dieses einzurichten. Bei der Durchführung tritt ein Problem auf. Weder die Anleitung noch die FAQ[7] helfen Ihnen weiter – oder vielleicht stehen Sie unter Zeitdruck und können oder wollen sich nicht alle 32 Seiten durchlesen. Sie

---

[6] Vgl. Bild S. 16

[7] FAQ Frequently asked Questions (zu Deutsch: häufig gestellte Fragen) werden von vielen Unternehmen als Zusammenstellung von häufigen Kundenfragen auf der Internetseite oder in Gebrauchsanweisungen beantwortet.

möchten einfach nur schnell einen Hinweis von einem kompetenten Ansprechpartner erhalten, mit welcher Tastenkombination Sie zur Lösung kommen.

Sicher, die Kommunikation am Telefon birgt immer Risiken wie Warteschleifen oder zwischenmenschliche Antipathien. Der Riesenvorteil in unserem Fallbeispiel ist jedoch: Sie können einen Sachverhalt laienhaft umschreiben und der Experte hat durch das direkte Nachfragen gute Chancen, Sie richtig zu verstehen und Ihnen direkt wertvolle Tipps zu geben. Sie können darüber hinaus sogar direkt gemeinsam während des Sprechens Lösungen ausprobieren: Der Mitarbeiter könnte Sie zum Beispiel fragen: „Wenn Sie die schwarze Taste drücken, welche Lämpchen sehen Sie dann aufleuchten?“ Je nach Antwort des Kunden wählt der Berater einen anderen Lösungsweg. Schriftlich würde er alle Optionen aufzählen, mögliche Ursachen und die jeweiligen To-dos nennen.

Hier sind wir bei einem ganz zentralen Punkt: Es geht um den zeitgleichen gemeinsamen Blick auf eine Sache. Haben Sie schon einmal versucht, per Mail oder Chat einen Termin zu vereinbaren? Da suchen Sie mühevoll alle möglichen Termine raus, nur um danach zu erfahren, dass Ihr Meeting-Partner in diesem Zeitraum im Urlaub ist. Es geht so viel schneller, wenn beide in den Kalender sehen und sich dabei über einen Termin verständigen.

Bei der Schriftkommunikation entsteht oft ein langer Informationsaustausch, der für den Kunden viel „Unnützes“ enthalten kann. So werden von der Marketingabteilung vorformulierte Standardlösungsvorschläge versandt, die er vielleicht selbst schon zuvor an anderer Stelle gelesen, aber nicht verstanden hatte.

Das heißt, wenn die schriftliche Antwort nicht die gewünschte Lösung für den Kunden bringt, wiederholt sich der Vorgang: Der Kunde muss nochmal schreiben. Beim Kunden entsteht schnell das Gefühl des *Mensch-ärgere-Dich-nicht*-Spiels, wenn man mit dem Männchen wieder zurück zum Ausgangspunkt muss und aller Aufwand umsonst war, denn jetzt muss er ja alles noch mal erklären. Manch ein Kunde hat so schon unfreiwillig beträchtliche Expertise in Themen erworben.

Die mündliche Kommunikation ist hier energiesparend: Durch ein kurzes: „Das hatte ich schon probiert und es hat nicht geklappt.“ Oder ein „Das habe ich schon gelesen, aber ich verstehe nicht, was ich genau machen soll.“ vonseiten des Kunden verändert sich die Richtung der Beratung. Die Wahrscheinlichkeit, gemeinsam das Ziel zu erreichen, verbessert sich deutlich.

3.1.2 Keine Lösung „von der Stange“ – Verhandlungssituationen

Es gibt noch eine andere Situation, bei der viele Menschen zum Hörer greifen, nämlich dann, wenn sie die offizielle Unternehmensantwort eigentlich schon kennen, aber doch die Hoffnung haben, dass es da noch andere Möglichkeiten gibt.

Nehmen wir ein Beispiel:

Sie stellen mit Entsetzen fest, dass Ihr Reisepass abgelaufen ist und der Onlineservice Ihrer Stadtverwaltung den nächsten freien Termin erst in vier Wochen in Aussicht stellt – dann sind Sie aber schon allinclusive an Ihrem Reiseziel – Ihre letzte Hoffnung: eine Servicenummer Ihrer Stadtverwaltung.

Überlegen Sie: Wie würden Sie das Gespräch angehen?

[a] Sind Sie eher jener Kunde, der sich vor diesem Telefonat erst einmal richtig aufbläst und richtig losschimpft, was das für ein Saftladen ist, in dem man erst in vier Wochen einen Termin bekommt und dass das ja für die arbeitende Bevölkerung eine Zumutung ist und Sie jetzt sofort einen Termin verlangen!

[b] Oder sind Sie der Meinung, dass es jetzt gilt, sich zerknirscht zu zeigen und auf Mitgefühl zu hoffen. Geduldig lassen Sie die Standpauke der Verwaltungsangestellten über sich ergehen, bis diese Mitgefühl zeigt und ein Einsehen hat, weil Sie sie ja doch so nett bitten und beteuern, dass das nie wieder vorkommen wird und das ja sonst auch gar nicht Ihre Art ist.

[c] Oder tragen Sie Ihr Anliegen ganz sachlich vor und nennen einige stichhaltige Argumente?

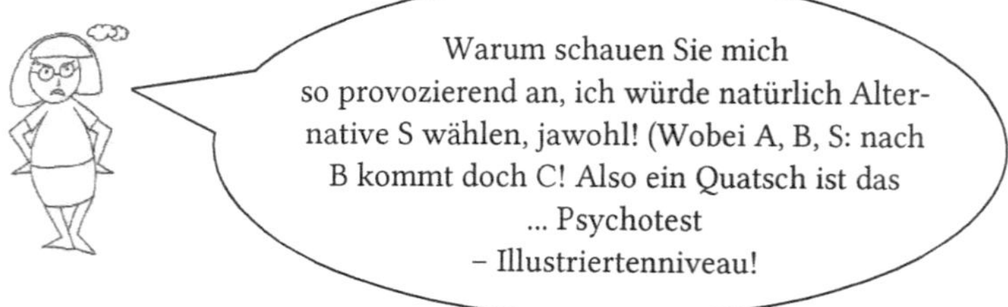

Wie geht es Ihnen, liebe Leserin / lieber Leser: Finden Sie sich wieder? Oder wechseln Sie zwischendurch die Strategie? Kommt es darauf an, wie die andere Seite sich verhält? Wie auch immer – Sie befinden sich in einer Verhandlungssituation und viele Menschen verfolgen dabei bewusst oder unbewusst die ABS-Strategie:

A - autoritär durchgreifen „das Alphatier“

B - sich klein machen „der Bittsteller

S - ganz neutral „der Sachliche“

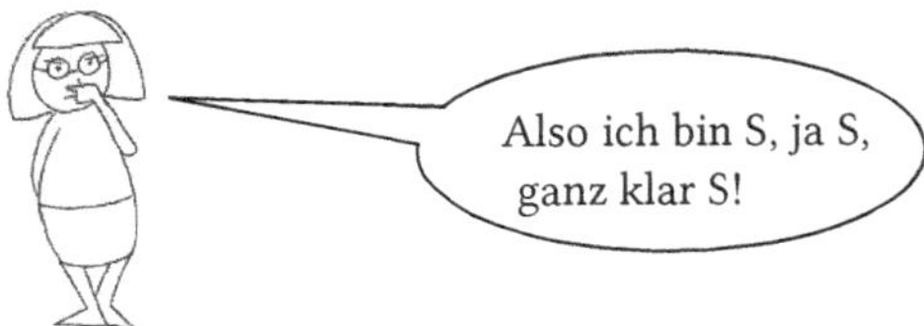

Selbst wenn eine Seite zu Beginn die S-Strategie wählt, verlaufen diese Gespräche oft emotional, da beide Seiten hohe Herausforderungen meistern müssen. Der Mitarbeiter muss aus seiner Komfortzone heraustreten, es geht nicht um eine Lösung von der Stange, die er einfach zusagen kann. Der Kunde seinerseits ist allein schon durch den Anruf aus der Komfortzone herausgetreten, was zeigt, dass die Lösung augenscheinlich wichtig für ihn ist. Für die meisten Kunden sind dies Ausnahmesituationen, es gibt jedoch auch Profis:

Kunden, die häufig in Verhandlungen eintreten, sind oft sehr wortgewandt und überzeugend. Diese Gespräche können für den Mitarbeiter sehr fordernd werden.

Hier drei Beispiele:

- „Sie haben mir ja bereits eine Ablehnung bezüglich des Versicherungsschadens gesandt, aber ich möchte das noch mal mit Ihnen persönlich besprechen. Neben mir sitzt ein befreundeter Anwalt und ich werde jetzt den Lautsprecher anschalten, damit er das Gespräch mitverfolgen kann.“
- „Ich weiß, die Reise ist ein festes Paketangebot, aber könnten wir da vielleicht ein paar Änderungen bei der Route vornehmen? Ich habe mich informiert und das wäre vielleicht sogar insgesamt für die gesamte Gruppe günstiger und böte einige sehr interessante Optionen ohne Mehraufwand.“
- „Ich habe in Ihrem Onlineshop das Aquarium Seaworld 2 entdeckt und möchte das gerne bestellen, dann aber als Terrarium nutzen – dazu werde ich die Frontscheibe professionell entfernen. Ich wollte mich auf diesem Weg nur noch mal versichern: Ihre Glasstabilitätsgarantie gilt in so einem Fall doch auch, oder? Schließlich nutze ich teures Spezialwerkzeug und gutes Glas muss das ja aushalten!“

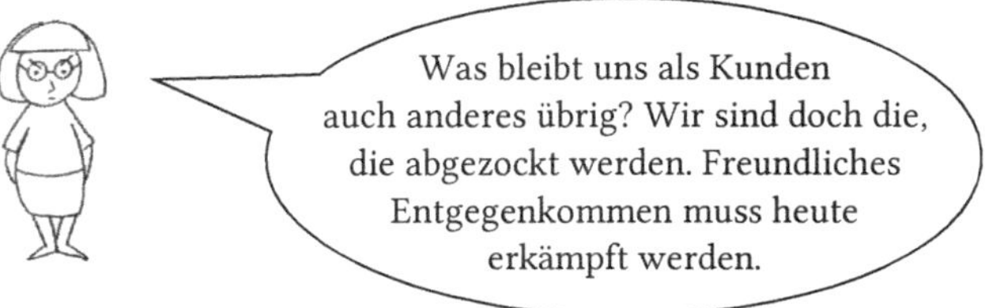

3.1.3 Unverbindliche Informationen einholen

Gerade für Noch-nicht-Kunden eines Unternehmens, die noch unsicher sind, ob sie Kunden werden möchten, ist eine telefonische Beratung oft eine gute Alternative. Interessenten können sich über Aspekte des Angebots telefonisch kundig machen, verschaffen sich einen ersten Eindruck vom Unternehmen und das, ohne direkt ihre persönlichen Daten preiszugeben oder sich direkt persönlich in eine Niederlassung des Unternehmens oder in einen Shop zu begeben. Gerade den persönlichen Kontakt vor Ort scheuen viele Interessenten. Einmal bedeutet dieser einen höheren Zeit- und Energieaufwand. Schließlich muss man sich leibhaftig auf den Weg begeben. Zudem droht auf fremdem Territorium womöglich Gefahr, da es vielen Menschen nicht leichtfällt, sich ohne direkt zu kaufen wieder aus einer Beratungssituation heraus zu winden.

Auch für kaufwillige Kunden ist dieser unverbindliche Weg manchmal der einfachere. Vor kurzem überlegte ich, ob ich ein neues Mobilgerät über meinen Handy-Anbieter beziehen soll. Aber deswegen in den Shop fahren und mich in Verkaufsgespräche verstricken lassen? Ach nein, ich rief an und ließ mich von einem freundlichen Mitarbeiter kurz über die Konditionen informieren. Nach 5 Minuten war ich informiert und konnte meine Überlegungen in Ruhe (vor einer Kaufentscheidung) mit Freunden und der Familie besprechen.

3.1.4 Scheu vor der Schriftkommunikation

Nehmen wir noch einmal das Beispiel des nicht funktionierenden Druckers. Sicher, es gibt auch eine Mail-Adresse. Aber eigentlich möchte ich meine Mail-Adresse nicht rausgeben. Gut, da ist auch noch die Chat-Funktion: Aber wie formuliere ich das Problem jetzt nur genau? Vielleicht versuchen Sie sogar noch, den Sachverhalt in wenigen Worten schriftlich zu formulieren, scheitern dann aber als Laie an dieser Herausforderung: „... wie nennt sich nur diese Taste ..., ... kann man hier ein Foto mithochladen, damit die wissen, was ich meine?

...". Selbst als sprechfauler Kunde stellen Sie sich nun die Frage: wo ist nur die Nummer der Hotline?

Ich habe diese Problematik einmal sehr eindrücklich beim Workshop mit einem internen IT-Supportteam erlebt. Die Mitarbeiter des Unternehmens sollten ihre Anfragen schriftlich als „Ticket" an das Supportteam richten. Die so eingereichten schriftlichen Anfragen wurden unmittelbar bearbeitet und das System funktionierte technisch einwandfrei – nur dass die meisten internen Kunden immer wieder versuchten, das System zu umgehen. Statt zu schreiben, riefen die Kollegen an und baten um schnelle „unbürokratische" Hilfe. In unserem Workshop arbeiteten wir heraus, dass neben dem besonderen Aufwand, den es bereitet, über etwas zu schreiben, womit man sich nicht gut auskennt, auch eine Selbstoffenbarungsangst eine wichtige Rolle spielte. Die Mitarbeiter taten sich schwer, ihr Anliegen korrekt in Expertensprache auszudrücken und hatten den Eindruck, sie müssten sich selbst durch dieses Ticketsystem schwarz auf weiß „zum Idioten stempeln".

Es gibt noch einen letzten wichtigen Grund, warum viele Kunden den telefonischen Kontakt vorziehen. Als Leser ist dieser Grund für Sie wahrscheinlich nicht naheliegend, aber wussten Sie, dass 7,5 Millionen Deutsche funktionale Analphabeten sind?[8] Das heißt nicht, dass diese Menschen überhaupt nicht lesen oder schreiben könnten, aber die betroffenen Menschen können nicht schnell mal einen Text lesen und den Sinn verstehen und sie nutzen die Schriftsprache nicht, um damit zu kommunizieren oder sich zu informieren. Jedes Schreiben einer Behörde, einer Versicherung oder eines Unternehmens kann so Anlass für einen Anruf werden. Und dabei sprechen wir nicht von Migranten, die einfach nur Schwierigkeiten mit der deutschen Sprache haben.

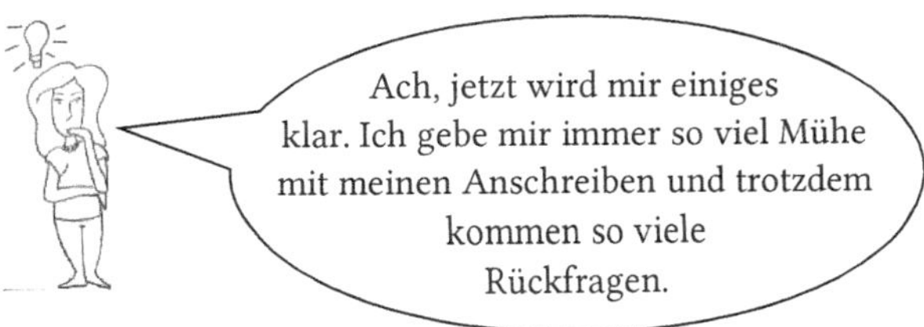

8 Nachzulesen bei: Leo Level-One Studie Literalität von Erwachsenen auf den unteren Kompetenzniveaus. Hamburg 2011

Wir sprechen auch nicht von Menschen am Rande der Gesellschaft – viele funktionale Analphabeten arbeiten. Sie treffen sie morgens in der Bäckerei, mittags bei der KFZ-Inspektion oder nachmittags beim Friseur. Als Trainerin bin ich in vielen verschiedenen Branchen unterwegs, und auch ich hatte schon Gruppen, bei denen ich schnell von Aufgaben absah, bei denen die Teilnehmer etwas auf Plakate oder Karten schreiben sollten, da diese meine Teilnehmer überforderten und beschämten.

Vielleicht helfen Ihnen diese Informationen, bevor sie sich beim nächsten Anruf wundern: „Im Brief stand doch alles drin und ganz einfach erklärt – warum nur rufen da noch Kunden an?"

Zusammengefasst: Kunden / Interessenten rufen an, ...

- weil sie es eilig haben und sie sich telefonisch direkt eine Antwort erhoffen.
- weil sie beim Telefonat leichter Missverständnisse klären können und Pingpong-Effekte der Schriftkommunikation vermeiden wollen.
- weil sie eine Ausnahmeregelung außerhalb der FAQ[9] erwirken möchten.
- weil sie sich mündlich bessere Verhandlungsoptionen für ihr Anliegen versprechen.
- weil sie erst mal nachhören und sich nicht schriftlich direkt festlegen möchten.
- weil sie Ihre Daten (Mail-Adresse) nicht direkt an das Unternehmen weitergeben möchten.
- weil sie sich mit dem Lesen und Schreiben schwertun und sich die Mühen bzw. die Peinlichkeit von Fehlern ersparen möchten.

3.2 Outbound – Warum Unternehmen bei Kunden anrufen

Durch einen einmaligen Anruf erübrigen sich oft

- lange Wartezeiten („der Kunde hat sich noch nicht zurückgemeldet"),
- viele Missverständnisse
- und damit endloser Schriftverkehr.

---

[9] FAQ Frequently asked Questions (zu Deutsch: häufig gestellte Fragen) werden von vielen Unternehmen als Zusammenstellung von häufigen Kundenfragen auf der Internetseite oder in Gebrauchsanweisungen beantwortet.

Damit spart das Telefon bei geringen Gebühren viel Arbeitszeit und dem Unternehmen enorme Kosten und kann sogar echte Gewinne erwirtschaften - wenn es richtig eingesetzt wird. In diesem Kapitel beschäftigen wir uns damit, wann es unternehmerisch Sinn ergibt, den Hörer in die Hand zu nehmen. Im Abschnitt 11.1 finden Sie Beispiele von Gesprächsleitfäden zu den verschiedenen Themen.

3.2.1 Hohe Außenstände

Ich persönlich habe in meiner Zeit als selbstständiger Trainerin noch nie eine Mahnung geschrieben. Es erscheint mir unsinnig, den Vorgang des Verschickens von Papier oder Mails zu wiederholen, wenn es beim ersten Mal nicht funktioniert hat. Natürlich sind das bei mir als Trainerin und Coach deutlich weniger Vorgänge als bei einem Unternehmen, das täglich Hunderte von Bestellvorgängen bewältigt. Nichtsdestotrotz empfehle ich auch hier, bei größeren Beträgen immer erst einmal darüber nachzudenken, ob ein freundlicher Anruf nicht schneller zum Ziel führt. Schließlich hat es Gründe, dass der Kunde nicht zahlt:

- Der Kunde hat die Rechnung nicht erhalten oder findet sie nicht mehr - Sie rufen an, gleichen ggf. die Adressen ab und schicken die Rechnung direkt noch einmal raus.
- Der Kunde hat die Rechnung vergessen oder er ist eher der lässige Typ, dem die Rechnung einfach „nicht so wichtig war". Mit Ihrem Anruf rücken Sie die Angelegenheit ganz nach oben auf der Prioritätenliste. Ich muss offen gestehen, dass ich selbst einmal einen solchen Anruf erhalten habe. Einer Trainerkollegin, deren Fachbuchrechnung mir auf dem Papierstapel auf dem Schreibtisch weit nach unten gerutscht war, fragte freundlich am Telefon, aus welchem Grund ich noch nicht gezahlt hätte. Schon während des Telefonates habe ich die Rechnung rausgekramt und keine fünf Minuten später war die Onlineüberweisung getätigt.
- Ihr Kunde hat Zahlungsschwierigkeiten. Dann können Sie direkt mit ihm eine Ratenzahlungsoption aushandeln. Zur Sicherheit können Sie diese danach auch noch schriftlich versenden. Glauben Sie mir: Die Wahrscheinlichkeit, dass diese eingehalten wird, ist viel höher als nach einem langen Mahnlauf und einem einseitigen Vorschlag Ihrerseits.
- Ihr Kunde versteht die Rechnung nicht, kann einzelne Positionen nicht nachvollziehen oder ist verärgert, weil ihm der Betrag zu hoch erscheint? Dann rufen Sie genau zum richtigen Zeitpunkt an. Bevor der Kunde sich weiter den Kopf zermartert oder gar anfängt schlecht über Ihr Unternehmen zu sprechen, klären Sie jetzt die offenen Fragen und finden gemeinsam mit dem Kunden eine Lösung.

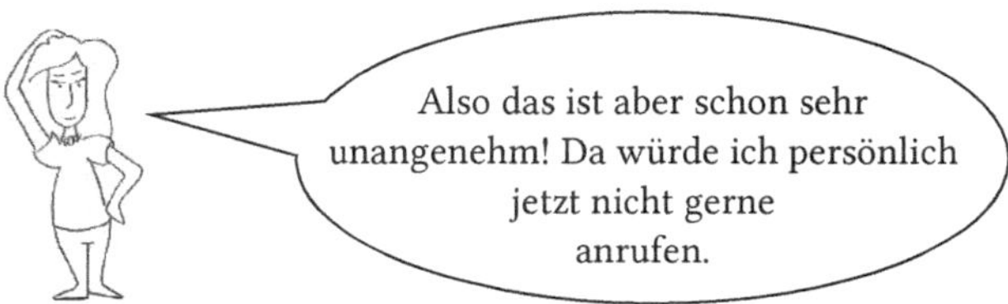

Ja, da haben Sie recht. Der innere Schweinehund macht sich bemerkbar, denn wir müssen aus unserer Komfortzone heraustreten und uns ins Ungewisse hineintrauen. Das ist der Preis. Der Lohn ist eine schnelle effektive Klärung und meistens auch ein schnellerer Geldeingang auf dem Geschäftskonto.

3.2.2 Reklamationen

Sie erhalten eine Beschwerde-Mail oder eine Reklamation. Ach wie unangenehm! Wenn der innere Schweinehund bei sonstigen Telefonaten nur vernehmlich grunzt, dann quiekt er nun laut und rät ganz dringend vom Telefonat ab. Ein verärgerter Kunde, all die Emotionen – das könnte schwierig werden. Wenn es ganz dicke kommt, wird man womöglich sogar persönlich angegriffen oder laut beschimpft. Ja, Sie ahnen es: Je unangenehmer es Ihnen ist, umso mehr rate ich Ihnen zum persönlichen Gespräch. Und keine Angst, es geht hier nicht um eine Ausbildung zum Kampfsportler, sondern nur um eine gesunde Courage und um Effizienz. Auch wenn der Aufwand erst mal höher ist, es lohnt sich.

Bedenken Sie, Reklamationen haben drei große Gefahren:

[1] Sie werden zu einem endlosen Pingpong-Spiel: Der Kunde schreibt, Sie antworten und er schreibt wieder „ja aber", und Sie antworten wieder „ja aber"...

[2] Der Kunde zahlt nicht oder kündigt.

[3] Der Kunde berichtet während des Reklamationsprozesses Anderen von seinen negativen Erfahrungen mit Ihnen / Ihrem Unternehmen.

Punkt 3 ist besonders interessant. Denn auch wenn nicht alle Kunden Ihnen sagen, was sie an Ihrem Unternehmen nicht gut finden – in ihrem Bekanntenkreis tun sie es auf jeden Fall kund. Man geht davon aus, dass negative Erfahrungen an 8–15 Personen weitererzählt werden. Da gilt es, schnell und wirksam zu intervenieren!

Schätzungen zufolge kommen nur ca. 25 % der Beschwerden überhaupt bei Unternehmen an.

Fazit: Ein Kunde, der sich beschwert, ist in erster Linie eine wertvolle Informationsquelle. Er ersetzt den teuren externen Berater, da er direkt die blinden Flecken des Unternehmens aufzeigt. Sich bei ihm zu bedanken sollte immer mehr als eine Floskel sein.

3.2.3 Kundenrückgewinnung

In einem Dienstleistungsunternehmen, in dem ich als Trainerin und Coach tätig war, begleitete ich die Umstellung des Kundenrückgewinnungsprozesses vom klassischen Brief zum Anruf. Der schriftliche Versuch, Kunden zurückzugewinnen war trotz unterschiedlicher Anreize wie großzügiger Prämien nur wenig erfolgreich. Darum gingen wir dazu über, Kunden anzurufen und persönlich das Gespräch zu suchen. Was soll ich sagen: Wir waren selbst überrascht über den großen Erfolg diese Aktion.

Folgende Erkenntnisse haben wir bei der Analyse der Telefonate gewonnen:

- Kunden, die gekündigt haben, finden es zur überwiegenden Mehrzahl positiv, dass ihre Kündigung nicht mit einem Standardschreiben beantwortet wird, sondern persönliche Resonanz erfährt. Das vermittelt das Gefühl, nicht nur eine „Nummer" gewesen zu sein, sondern als Kunde wahrgenommen zu werden.
- Es sind keine besonderen rhetorischen Künste notwendig. Es geht vielmehr um eine Haltung des echten Interesses und um ein offenes Ohr. Im Grunde reicht ein: „Das finden wir natürlich bedauerlich, Sie als Kunden zu verlieren ... und wir sind auch interessiert daran, was der Auslöser für Ihre Kündigung war. Haben wir etwas falsch gemacht?"
- Natürlich gibt es unter den Kunden einen bestimmten Prozentsatz an „Zockern", die Verträge fristgerecht kündigen, um neue Konditionen auszuhandeln. Bei denen gilt es, humorvoll zu bleiben und ihr Gebaren nicht negativ zu bewerten. Bei diesen Telefonaten gilt: Nicht gleich das ganze Pulver verschießen, also das beste Angebot nicht direkt zu Beginn raushauen. Warten Sie erst einmal ab, was der Kunde sich selbst vorstellt und fragen Sie lieber noch einmal nach, welches Bedürfnis sich hinter dem Geldvorteil vielleicht noch versteckt. Oft geht es den Anrufern gar nicht in erster Linie um den gesparten Euro, sondern um das Bedürfnis, als Kunde fair behandelt zu werden. Dahinter stehen oft bittere Erfahrungen. Wer in der Vergangenheit beispielsweise 10 Jahre lang seiner KFZ-Versicherung treu geblieben ist, alle Beitragsanpassungen klaglos hingenommen hat und danach zufällig mal einen Marktvergleich gewagt hat, weiß was ich meine. Unternehmen bemühen sich häufig sehr um Neukunden, umwerben diese mit Schnäppchenangeboten und Zusatzservice und vernachlässigen ihre Bestandskunden sträflich.

Genau so ist das.
Die Unterschrift ist kaum auf dem Papier getrocknet, schon verschlechtert sich der Service!“

Übrigens ist die Kundenrückgewinnung für Unternehmen deutlich günstiger als die Gewinnung von Neukunden. Und rückgewonnene Kunden sind sehr viel loyaler als Neukunden. Ich vergleiche das oft mit einer guten Freundschaft oder einer Ehe. Nur Menschen, mit denen wir auch Krisen erfolgreich überstanden haben, gehören für uns zum engsten Kreis. Paradoxerweise stärken Krisen Beziehungen. Auf das Unternehmen übertragen: Ein Kunde, bei dem immer alles prima läuft, findet das normal und macht sich keine weiteren Gedanken darüber. Er geht aber auch gleichzeitig davon aus, dass dies bei jedem anderen Anbieter genauso wäre. Wenn ein Anderer die Leistung oder das Produkt also billiger anbietet – nix wie hin!

3.2.4 Neugeschäft

Würden Sie einen Kochtopf für rund 1.200 € kaufen? Ok. Der Topf ist eine Küchenmaschine und kann auch rühren und zerkleinern. Ein Unternehmen mit Sitz in Wuppertal hat mit seiner Küchenmaschine längst erkannt: Gute Qualität und ein damit verbundener hoher Preis lassen sich nur persönlich vermitteln.

Natürlich können Sie FAQ online stellen, mit Videos auf YouTube und Facebook werben und die Produktvorteile hervorheben. Einen individuellen Nutzen können Sie jedoch nur herausarbeiten, wenn Sie mit einem Kunden im direkten Dialog sind.

Ein erfahrener Verkäufer weiß oft nach wenigen Sekunden, welchen Ton er anschlagen muss und bei welchen Nutzenargumenten der Kunde Resonanz zeigt. Geht es darum, den Kunden umfassender zu beraten oder etwas zu zeigen, ist das Telefon nur der erste Schritt. Es geht darum, Interesse zu wecken und einen persönlichen Termin zu vereinbaren.

3.2.5 Terminvereinbarung

Haben sie schon mal versucht, via WhatsApp, SMS oder Mail einen Termin zu vereinbaren? Meinen herzlichsten Glückwunsch, wenn das auf den ersten Versuch geklappt hat!

Natürlich gibt es auch praktische digitale Terminvereinbarungstools wie Outlook oder bei Gruppenterminen Doodle[10]. Bei Terminvereinbarungen mit Kunden funktionieren diese jedoch nur mit Einschränkung. Der Online-Kalender ist nur dann zuverlässig, wenn ich einen umfassenden Einblick in den gut gepflegten Kalender des Anderen habe. Unternehmensintern klappt das oft gut, wobei auch hier bestimmte Informationen einfach fehlen (wie „mittwochs hat meine Tochter Clara Klarinettenunterricht und ich nutze, wenn möglich, die Gleitzeit, um sie bei schlechtem Wetter dorthin zu bringen"). Im Kundenkontakt verfügen wir nie über diese Informationen.

Manche Unternehmen und Dienstleister bieten auf ihren Seiten die Möglichkeit, online direkt Termin-Slots zu reservieren, wie z.B. für den Reifenwechsel, den Friseur- oder Arzttermin. Die Termintreue ist dabei oft erschreckend schlecht. Die Vermutung liegt nahe, dass der einfache Klick dazu verführt, sich schnell zu entscheiden und einen Termin zu reservieren, ohne diesen ausreichend zu prüfen und im Kalender zu notieren. Auch die Möglichkeit des digital versandten Termins hilft hier nur eingeschränkt, da nicht jeder Kunde Termine online verwaltet oder seinen Online-Kalender täglich prüft. So werden Termine schnell vergessen.

Ich empfehle, die Online-Terminvereinbarung – ein aus Kundensicht äußerst praktisches Tool – durch einen Anruf zu ergänzen. Fordern Sie dabei den Kunden auf, bei der Terminvereinbarung seine Rufnummer anzugeben. Dies lässt sich leicht begründen, z.B. durch den Satz: „Bitte geben Sie uns Ihre Rufnummer, unter der wir Sie erreichen können, falls der Termin sich wider Erwarten verschieben sollte."

Praxistipp

Rufen Sie Kunden einen Tag vor einem Termin an. Falls der Kunde den Termin vergessen haben sollte, erinnern Sie ihn so rechtzeitig. Wenn ein Termin von Kundenseite nicht eingehalten werden kann, können Sie nun direkt verbindlich einen neuen Termin vereinbaren und haben die Möglichkeit, Ihre Zeitplanung anzupassen. Damit vermeiden Sie unproduktive Wartezeiten.

---

10 Doodle ist ein Online-Dienst zur Erstellung von Terminumfragen: www.doodle.com/de/

3.2.6 Cross-Selling und aktive Kundenbindung

Ihr Kunde hat bereits bei Ihnen gekauft und Sie möchten die Geschäftsverbindung mit ihm erweitern? Oder Sie möchten den Kunden weiter an Ihr Unternehmen binden?

Ein Kunde, der sich bereits für ein Produkt oder ein Unternehmen entschieden hat, ist oft viel leichter von weiteren Angeboten des Unternehmens zu überzeugen.

Der Vorteil: Die prinzipielle Frage, ob es sich um ein vertrauenswürdiges Unternehmen handelt, stellt sich nicht mehr, da der Kunde diese mit dem Erstkauf bereits beantwortet hat.

Ihre Angebote sollten natürlich eine Win-win-Situation erzeugen: Bei manchen Anbietern sind es die klassischen Kundendienstleistungen wie Instandhaltung, Reparaturen oder Ersatzteile, welche die Kundenzufriedenheit erhöhen und gleichzeitig Umsatz für das Unternehmen generieren. Es können aber auch für den Kunden angepasste Vertragsbedingungen mit einer Vertragsverlängerung, neue interessante Angebote mit Sonderkonditionen für Bestandskunden, oder, oder sein ...

Doch Vorsicht! Nicht jeder Kunde, der angerufen wird, ist hocherfreut. Manche Kunden reagieren unwirsch und empfinden Anrufe erst mal als Störung oder gar Belästigung.

Auch kann es Ihnen passieren, dass Kunden Ihren Anruf für eine Beschwerde oder Fragen, die gar nichts mit Ihrem Anrufanliegen zu tun haben, nutzen: „Gut, dass Sie anrufen, kaufen möchte ich zwar nichts, **aber** was ich Ihnen schon lange einmal sagen wollte / was ich längst schon einmal fragen wollte...“.

Bleiben Sie flexibel und gelassen. Outbound-Akquisetelefonate sind auch immer ein Kundenbindungsinstrument. Sie erfahren, wie zufrieden Ihre Kunden im Moment mit Ihren Produkten und Leistungen sind. Nutzen Sie aktiv die Chance, sie wieder zu überzeugen. So beugen Sie negativen Rezensionen oder unerwarteten Vertragskündigungen vor.

Praxistipp

Planen Sie bei Cross- und Up-Selling-Gesprächen auch immer den Mehraufwand für mögliche Serviceanfragen und Beschwerden ein. Reine Telefonverkäufer, die nicht auf aktuelle Kundenbedürfnisse eingehen, schaden der Kundenbindung enorm!

Aber vielleicht rufen Sie Ihre Kunden auch einfach mal so an – ganz ohne Verkaufsabsicht. Ich habe sehr gute Erfahrungen mit „Kundenzufriedenheitsbefragungen“ am Telefon gemacht. Damit meine ich aber nicht diese endlosen Fragebogenaktionen, sondern echte Gespräche. Die einfachste Form ist, den Kunden anzurufen und einfach mal zu fragen, ob alles in Ordnung ist.

Nehmen wir das Beispiel eines Handwerksbetriebs: „Wir haben ja vor einem Jahr in Ihrem Unternehmen die elektrischen Rollos an den Fenstern eingebaut und ich wollte mich einfach mal erkundigen, ob alles in Ordnung ist und ob Sie noch zufrieden sind."

Wenn die Leistung prinzipiell in Ordnung ist, kann sich der Mensch, der diese Anrufe tätigt, auf einen Tag voller Freude einstellen. Kann gut sein, dass dabei dann auch der eine oder andere Folgeauftrag oder eine Empfehlung erfolgt – ganz ohne Akquisedruck.

4 Die Tücken und Chancen der Einkanalkommunikation

Wir nehmen die Welt über unsere fünf Sinne wahr:

[1] Sehen (die visuelle Wahrnehmung der Augen)

[2] Hören (die auditive Wahrnehmung der Ohren)

[3] Fühlen (die kinästhetische Wahrnehmung der Haut)

[4] Riechen (die olfaktorische Wahrnehmung der Nase)

[5] Schmecken (die gustatorische Wahrnehmung der Zunge)

Unsere Sinne sind die fünf Kanäle, über die wir Informationen verarbeiten.

Wir leben in einer Welt der Bilder. Unsere Kultur ist stark visuell geprägt. Die Zeiten, in denen Menschen gebannt vor dem Radio saßen, um Neuigkeiten aus der Welt zu erfahren, sind lange vorbei. Wir haben ein reiches Vokabular, um visuelle Reize zu schildern. Wenn es um Personen des öffentlichen Lebens geht, wissen wir schnell zu berichten, welche Besonderheiten ihre Erscheinung aufweist. Auditive Kennzeichen eines Menschen nehmen wir oft nicht bewusst wahr. Dies macht auch den Erfolg von Stimmimitatoren wir Matze Knop aus, die uns diese Besonderheiten ins Bewusstsein bringen. Plötzlich fallen uns die Stimmlage, der Sprechrhythmus, die Wortwahl, grammatikalische Besonderheiten, ein rollendes R, ein wiederkehrendes Räuspern oder Füllworte einer Person auf und werden thematisiert.

Am Telefon kommt nur der auditive Kanal zum Einsatz. Deshalb sprechen wir auch von Einkanalkommunikation. In der professionellen Telefonie können Service und Kompetenz des Unternehmens ausschließlich über diesen Kanal vermittelt werden – was spezifische Herausforderungen, aber auch Chancen mit sich bringt.

Kennen Sie diese Situation? Sie haben bereits mehrfach mit einem Kunden oder Geschäftspartner telefoniert und eines Tages treffen Sie diesen zum ersten Mal persönlich. Sie sind erstaunt: Den haben Sie sich ganz anders vorgestellt!

Nicht, dass Sie sich tatsächlich darüber Gedanken gemacht hätten, wie dieser Mensch aussieht, aber jetzt, wo Sie ihn leibhaftig sehen, stellen Sie fest, dass Sie unbewusst doch ein Bild entwickelt hatten und Sie die Abweichungen in Erstaunen versetzen.

Manchmal entpuppt sich dabei der attraktive Mittvierziger als pickeliger Jüngling oder das blasse Mauerblümchen als betörende Schönheit.

Das Bild unseres Gegenübers entsteht also im Ohr. Durch unsere Stimme und Sprache erzeugen wir sinnliche Eindrücke - weit über das reine Hören hinaus.

4.1 Auf dem richtigen Kanal senden

Dass unsere fünf Sinne auch in der Einkanalkommunikation wirken, zeigt sich auch in unserer Sprache. Welche Kanäle dabei für Ihre Kunden besonders relevant sind, hören Sie am Vokabular, das der Kunde nutzt.

Hier ein paar Beispiele für den Einsatz von unterschiedlichen Sinnesvokabeln:

Visuell

„Ich *sehe* schon etwas *klarer.*"

„Das sind ja glänzende Aussichten."

„Das muss ich erst *sehen*, bevor ich eine Entscheidung zu treffen kann.

„Ich will mir vorab noch andere Angebote *anschauen*."

„Sind Sie sicher, dass Sie mir alles *gezeigt* haben?"

„Ich tappe immer noch im *Dunkeln*."

„Wir sollten jetzt mal den Preis in den *Fokus* nehmen."

„Ich kann mir das nicht länger mit *ansehen*."

„Das ist doch *Schwarzmalerei*."

„Das wird mir jetzt zu *bunt*."

„Das *sehe* ich ganz genauso."

„Ich kann mir das nicht *vorstellen*."

Auditiv

„*Erzählen* Sie mir mehr über Ihr Produkt. Ich habe schon viel Gutes darüber *gehört*."

„Das *hört* sich ja gut an, was Sie mir bisher gesagt haben."

„Das *klingt* wunderbar."

„Ah ich verstehe, jetzt hat es bei mir *klick* gemacht.“
„Das *schreit* doch geradezu nach einer neuen Lösung.“
„Ich wünsche mir mehr *Harmonie* in der Zusammenarbeit.“
„Es ist immer wieder die gleiche *Leier*.“
„Ich kann das nicht mehr *hören*.“
„Das sollte man nicht so *laut hinausposaunen*.“
„Ich werde jetzt einmal etwas *deutlicher*.“
„Was muss ich eigentlich noch sagen, um mir endlich *Gehör* zu verschaffen?“
„Ach, lassen Sie mich in *Ruhe* damit.“

Kinästhetisch

„Ich brauche Ihre *Unterstützung* in dieser Sache.“
„Bevor wir uns da jetzt *hineinstürzen,* lassen sie uns das lieber *langsam angehen*.“
„Ich habe ein gutes *Gefühl* dabei.“
„Das hat sich von selbst wieder *eingerenkt*.“
„Ach, da wird mir ganz *warm* ums Herz.“
„Das war aber ein unfairer *Seitenhieb*.“
„Das *haut* mich jetzt schon vom Hocker.“
„Wie können wir unsere unterschiedlichen Interessen am besten *ausbalancieren*?“
„Da *lastet* die gesamte Verantwortung auf einer Person.“
„Ich möchte hier *Druck* vermeiden.“
„Schon alleine bei der Vorstellung *läuft es mir kalt den Rücken herunter*.“
„Denen *zittern doch die Knie*, wenn sie nur daran denken.“

Olfaktorisch

„Ich *wittere* hier eine gute Chance.“
„Glauben Sie mir, dafür habe ich einen guten *Riecher*!“
„Ganz einfach immer der *Nase* nach.“
„Das ist der *Duft* der großen weiten Welt.“

„Die stecken ihre *Nase* doch überall rein!“
„Ganz ehrlich, das *stinkt* mir.“
„Das halte ich für *anrüchig*.“

Gustatorisch

„Das hat aber schon einen *bitteren Nachgeschmack*.“
„Der hat so einen *trockenen* Humor.“
„Das ist ganz nach meinem *Geschmack*!“
„Es ist halt kostspielig, einen besonderen *Geschmack* zu haben.“
„Wie kann ich Ihnen das schmackhaft machen?“
„Das muss man sich mal *auf der Zunge zergehen* lassen!“
„Kein Wunder, dass die da die *Schnauze* voll haben.“
„Das kann einem schon die *Galle* hochkommen lassen.“
„Die mag ich überhaupt nicht, die habe ich wirklich *gefressen*.“
„Das ist aber schon eine *saftige* Preiserhöhung!“
„Mit einem Preisnachlass könnten Sie mir das noch mehr *versüßen*.“

Doch was passiert, wenn ich bevorzugt auf einem anderen Kanal sende als mein Gesprächspartner? Wenn sich ein Kunde zum Beispiel Klarheit wünscht (visuell) und der Kundenservice betont, wie wichtig es sei, dass der Kunde sich mit einer Lösung auch wohlfühlt.

Für beide Seiten entsteht möglicherweise eine Irritation und die Kommunikation gerät ins Stocken.

Profis nutzen bewusst sinnesspezifische Vokabeln auf dem Kundenkanal und sprechen Kunden individuell an.

Praxistipp

Achten Sie besonders in schwierigen Situationen auf den bevorzugten Sinneskanal Ihres Gesprächspartners und lassen Sie Vokabeln aus dem bevorzugten Sinneskanal des Kunden miteinfließen– aber übertreiben Sie nicht – bleiben Sie authentisch!

Hier eine Auswahl von sinnesspezifischen Redewendungen für Ihre Gespräche:

für den klaren Durchblick	für hellhörige Kunden	für Feinfühlige, Spürnasen und Gourmets
Wie sehen Sie das?	Wie hört sich das für Sie an? Wie klingt das für Sie?	Wie fühlt sich das für Sie an? Was für ein Gefühl haben sie damit?
Das sehe ich genauso.	Da stimme ich ihnen zu. Das klingt für mich stimmig.	Das kann ich gut nachfühlen.
Das sieht doch gut aus.	Das hört sich doch gut an. Es freut mich, das zu hören.	Da wird mir ganz warm ums Herz. Das muss man sich auf der Zunge zergehen lassen. Das geht runter wie Öl.
Das sieht für mich so aus, als ob ... Was genau sollen wir uns ansehen? Wo sehen Sie Handlungsbedarf? Mir ist wichtig, dass wir uns das ganz genau ansehen/dass wir noch mehr Tiefenschärfe reinbringen.	Ich höre da heraus, dass Sie ... Worüber genau sollen wir uns unterhalten? Mir ist es wichtig, da auch die Zwischentöne zu hören.	Ich spüre da eine gewisse ... Mir ist wichtig, dass sie sich dabei wirklich wohlfühlen/dass kein bitterer Beigeschmack für Sie dabei ist/wir die komfortabelste Lösung für Sie finden.
Das haben Sie sehr anschaulich dargestellt. Da haben Sie große Weitsicht gezeigt.	Da haben Sie ein gutes Ohr für ... Gut, dass Sie das so deutlich sagen.	Sie haben ein feines Gespür/eine gute Nase für ... Vielen Dank für Ihre Offenheit!
Dann wollen wir mal Licht ins Dunkel bringen. Lassen Sie uns den Sachverhalt beleuchten.	Dann lassen Sie uns das in Einklang bringen.	Dem spüren wir jetzt erst mal nach. Dann bringen wir da erst mal wieder die notwenige Balance rein.

Hier werden wir vorausschauend handeln. Damit haben Sie dann auch einen Überblick über ... Das ist eine übersichtliche Darstellung. Damit haben Sie Klarheit.	Wir finden sicher eine Lösung, mit der Sie langfristig Ruhe haben. Wir werden das ganz ruhig angehen. Wir werden die Abläufe für Sie harmonisch synchronisieren.	Ich unterstütze Sie da gerne, da können Sie sich mit gutem Gefühl in unsere Hände geben. Da nehme ich Sie gerne an die Hand. Da schaffen wir eine stabile Grundlage. Damit Sie dann ganz beschwingt ... Wir packen das jetzt direkt in trockene Tücher. Diese Lösung ist erfrischend anders. Da sollten wir mal frischen Wind hineinbringen.
Hat sich der Nebel damit gelichtet? Wie sieht das für Sie aus?	Ist das mit Ihren Wünschen im Einklang? Damit haben wir für Sie Ruhe geschaffen.	Ist das eine Lösung, mit der Sie sich wohlfühlen? Konnte ich Ihnen das schmackhaft machen?
Ich behalte das auf jeden Fall für Sie im Auge. Geben Sie mir gerne ein Zeichen, wenn ...	Ich halte meine Ohren für Sie offen und lasse auf jeden Fall von mir hören. Zögern Sie nicht direkt anzurufen, wenn ...	Ich nehme das persönlich für Sie in die Hand. Sobald da etwas in Bewegung kommt, melde ich mich. Wenn Sie das Gefühl haben ..., melden Sie sich bitte direkt.

4.2 Nichts bleibt verborgen

Sicher kennen Sie das: Das Zitat einer Person des öffentlichen Lebens erobert die Schlagzeilen und das ganze Land echauffiert sich über die Aussage. Doch wie war das Zitat tatsächlich gemeint? Um darüber eine Aussage machen zu können, hilft es, wenn wir die Person sehen und die Worte hören.

Mimik, Körperhaltung und Gestik spiegeln sich in der Stimme wider. Und so reicht bereits das Hören, um Motivation und Emotion des Sprechers einordnen zu können. Hören wir in der Tonhöhe und Modulation Ironie mitklingen? Lassen Lautstärke und Dynamik darauf schließen, dass er emotional überreagiert hat. Lässt uns eine kurze Pause ahnen, dass er vielleicht kein geeigneteres Wort fand und sich so aus Verlegenheit in der Wortwahl vergriffen hat?

Auch ohne Psychologiestudium haben wir meist schnell eine Idee von dem, was unser Gegenüber bewegt, und hören, was eigentlich gemeint ist. Giacomo Rizzolatti entdeckte mit seinem Forschungsteam 1996 mit den Spiegelneuronen ein Resonanzsystem im Gehirn, das Gefühle und Stimmungen anderer Menschen beim Empfänger zum Erklingen bringt.[11] Sobald wir den Gesichtsausdruck eines Menschen sehen oder auch nur seine Stimme hören, wird dieses Resonanzsystem stimuliert und wir „fühlen mit“. Wir hören nicht nur die Worte, sondern treten (auch ohne dies zu beabsichtigen) in eine tiefere Verbindung ein, fast so, als würden wir die Worte selbst sprechen. So haben wir nicht nur sofort einen persönlichen Eindruck über die Befindlichkeit und Motivation des Sprechers, sondern darüber hinaus eine Intuition dafür, ob das Gesagte „stimmig“ ist, also ob das gesprochene Wort und der Tonfall zueinanderpassen.

Dazu ein persönliches Beispiel:

Vor kurzem telefonierte ich mit einer guten Freundin. Schon als sie sich meldete, erschien mir ihre Sprechweise etwas gehetzt. Ich fragte: „Ist alles in Ordnung bei Euch? Geht es Dir gut?“ „Ja, alles prima, mir geht es gut!“ antwortete sie kurz angebunden. Ich war irritiert, ich fühlte, dass etwas nicht stimmig war. Vorsichtig tastete ich nach „Störe ich gerade?“ „Nein, wirklich nicht“, antwortete sie. Nach einem kurzen Zögern fuhr sie fort: „Die Kinder haben nur gerade das Badezimmer unter Wasser gesetzt und ich musste eben mal richtig schimpfen und sie zum Aufwischen verdonnern ...“

---

[11] Nachzulesen in: Giacomo Rizzolatti „Empathie und Spiegelneurone: Die biologische Basis des Mitgefühls“ 2008

Ihre emotionale Erregtheit hatte also, ohne dass es ihr bewusst war, Einfluss auf unsere Kommunikation genommen. Das Beispiel zeigt darüber hinaus, dass, wenn Ton und Inhalt nicht „stimmig" sind, dies sofort Irritationen hervorruft. Um diese anzusprechen, müssen wir:

[1] unserer eigenen Intuition trauen und eine Irritation ernst nehmen.

[2] die richtigen Worte finden, um unserer Irritation Ausdruck zu verschaffen.

Denn auch, wenn Unstimmigkeiten nicht angesprochen werden, erzeugen Sie eine Reaktion beim Gegenüber. Selbst wenn eine Irritation, wie in unserem Beispiel der gehetzte Tonfall, nicht angesprochen wird, hat diese Einfluss auf den Gesprächsverlauf. Der Gesprächspartner verhält sich dann zum Beispiel zurückhaltender oder beendet das Gespräch schneller, da er unausgesprochen das Gefühl hat, zu stören.

In diesem Fall wäre ein wesentlicher Teil unserer Kommunikation im Verborgenen geblieben. Diese verborgenen Aspekte der Kommunikation beschreibt eindrücklich das Eisbergmodell.

4.2.1 Der dicke Sockel des Eisbergs

Das Eisbergmodell wird oft Sigmund Freud zugeschrieben, da es das Bewusste vom Unbewussten unterscheidet. In Wirklichkeit ist dieses Modell am ehesten dem Schriftsteller Ernest Hemingway zuzusprechen. Er sprach davon, dass er bei der Beschreibung einer Romanfigur wie bei einem Eisberg nur 20 % beschreiben würde und der Leser sich daraus die restlichen 80 % selbst konstruiere.

Genau so geht es uns mit einer Stimme am Telefon. Wir hören etwas und aus unserer Erfahrung heraus konstruieren wir den Rest. Von der Stimme schließen wir auf Geschlecht, Alter, Attraktivität, Intelligenz, Bildungsniveau, Herkunft, Erfolg, Motivation und Selbstbewusstsein.

Im Beispiel des Telefonates mit meiner Freundin hörte ich eine emotionale Regung und konstruierte daraus, dass es ihr nicht gut geht bzw. ich mit meinem Anruf irgendwie störe.

4.2.2 Umgang mit Irritationen

Um beim Bild des Eisbergs zu bleiben: Irritationen sind die unsichtbaren Teile des Eisbergs, die bei unserer Kommunikation zu Kollisionen führen können.

Irritationen spielen auf zweierlei Weise eine Rolle:

[1] Sie selbst können unbewusst Irritationen beim Kunden erzeugen.

[2] Der Kunde erzeugt bei Ihnen Irritationen.

Um eine gute Kommunikation zu gewährleisten, sollten Sie ...

[1] ... selbst möglichst wenig Irritationen erzeugen. Das heißt nicht, dass Sie dem Kunden erst einmal von den Problemen mit Ihren pubertierenden Kindern berichten müssen, damit er versteht, warum Sie heute so gereizt klingen. Bringen Sie stattdessen sich selbst vor dem Annehmen des Gesprächs in eine angemessene Stimmung.[12] Seien Sie sich Ihrer eigenen Wirkung bewusst. Kunden geben oft kein Feedback, deshalb sollten Sie jedes Feedback von Kollegen, Freunden und Familie dankbar entgegennehmen.

Wenn beim Gespräch Irritationen entstehen und Sie sich nicht auf die Worte des Kunden konzentrieren können, z.B. da ein Kollege Sie unterbricht oder, weil Ihnen gerade der Rechner abgestürzt ist, formulieren Sie dies angemessen und kundenorientiert.[13] Ziel ist, dass der Kunde weiß, es liegt nicht daran, dass er als Kunde stört oder Sie kein motivierter und fähiger Ansprechpartner sind.

[2] ... Irritationen, die bei Ihnen durch das Kundenverhalten entstehen, angemessen ansprechen. Bewerten Sie diese auf keinen Fall negativ, also nicht: „Können Sie ihre unerzogenen Gören im Hintergrund mal bitte zu Räson bringen, ich verstehe kein Wort!“ sondern eher: „Ich höre Kinder im Hintergrund und habe zwischendurch Schwierigkeiten Sie zu verstehen.“

Es geht nicht darum, ein Seismograf zu werden und jede Kleinigkeit zu thematisieren. Manchmal ist es auch besser, kleine Irritationen zu übergehen.

Praxistipp

Sprechen Sie Irritationen immer dann an, wenn das Gesprächsziel in Gefahr ist. Achten Sie darauf, dass Ihr Kunde sich dadurch auf keinen Fall angegriffen fühlt.

---

[12] Vgl. Abschnitt 5.1: Regeln oder Haltung

[13] Vgl. Abschnitt 5.3: kundenorientierte Sprache und Abschnitt 7.2.2: Aktivitäten hörbar machen

Beispiele, wie Sie Irritationen ansprechen können:

Irritation	Möglichkeit der Ansprache
Anruf aus dem PKW, Fußballstadion oder Einkaufszentrum	„Entschuldigen Sie bitte, die Verbindung ist ziemlich schlecht und ich höre sehr laute Hintergrundgeräusche." (Bei umfangreicheren Anliegen schlagen Sie dem Kunden einen Rückruf zu einem späteren Zeitpunkt vor)
Im Hintergrund gibt eine Person dem Kunden Regieanweisung: „Sag denen, sie sollen ..."	„Ich höre im Hintergrund noch eine Person sprechen. Vielleicht möchten Sie das Telefonat über den Lautsprecher führen, dann können wir uns zu dritt unterhalten." (Wenn Lautsprecher angeschaltet wird – neuen Gesprächsteilnehmer freundlich begrüßen)
Kunde unterbricht ständig und lässt nicht aussprechen.	„Herr Kunde, ich merke, das Thema ist Ihnen sehr wichtig / Sie haben viele Informationen für mich. Bitte lassen Sie mich kurz aussprechen, dann höre ich Ihnen wieder ganz aufmerksam zu, versprochen!"
Kunde geht Nebentätigkeiten nach und klingt nicht wirklich präsent.	„Entschuldigen Sie bitte, ich höre die ganze Zeit so ein Klappern/Rascheln (...). Passt das Telefonat gerade oder sollen wir später weitersprechen?"

Ich nutze in diesem Zusammenhang immer den Begriff Irritation und nicht Störung. Störung klingt so, als würde ein Mensch aus Absicht „stören". Der Störer gilt schnell als rücksichtlos oder wir unterstellen schlechtes Benehmen.

Bewährt hat sich der Grundgedanke: Dem Kunden ist nicht bewusst, dass dieses Verhalten eine Irritation hervorruft. Er hat auf jeden Fall einen guten Grund und tut das niemals aus „böser Absicht". Ihre Intention ist es, das Gespräch zu verbessern, **ohne** einen Schuldigen für die Störung anzuprangern. Nur dann gelingt es Ihnen, die Irritation ohne beleidigten Unterton (echt) freundlich anzusprechen.

4.3 Hintergrundgeräusche und Knarzen in der Leitung

Die Beispiele zeigen: nicht nur unsere Stimme vermittelt unserem Gesprächspartner ein Bild. Auch Hintergrundgeräusche haben eine große Wirkung. Laute Hintergrundgeräusche stören nicht nur die Konzentration, sondern vermitteln den Kunden auch ein Bild über unsere Arbeitsweise. Laute Stimmen im Hintergrund, Vogelgezwitscher, Radiomusik, Kinderschreien oder der Lärm einer Baustelle lösen eine Irritation aus. Sofort werden innere Bilder erzeugt: Telefoniere ich mit einer Person, die ein eigenes Büro hat, sitzt die betreffende Person in einem Großraumbüro oder im Homeoffice?

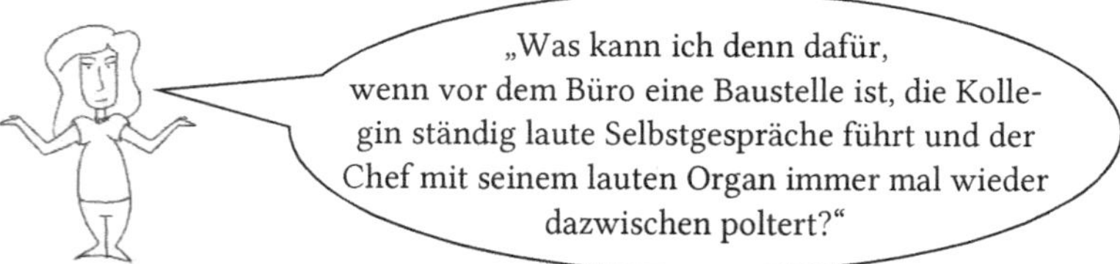

Oft haben wir nur bedingt Einfluss auf unseren Arbeitsplatz. Doch versuchen Sie dafür zu sorgen, dass Sie möglichst ungestört sprechen können. Wenn viele Personen in einem Raum telefonieren, sind Schallschutzmaßnahmen wie Trennwände oder schallschluckende Bodenbeläge und Schallschutzdecken eine lohnende Investition. Auch wenn Sie den Kollegen mit dem lauten Organ wahrscheinlich nicht umerziehen können, versuchen Sie, bestimmte Regeln aufzustellen, wie das Beenden lauter Gespräche beim Betreten des Arbeitsraums oder Handzeichen, mit denen Sie sich gegenseitig signalisieren, dass Sie jetzt Ruhe brauchen.

Wenn Sie viel telefonieren, empfiehlt es sich ein hochwertiges Headset statt eines Telefonhörers zu nutzen. Moderne Headsets (möglichst beidseitig, also Stereo) erleichtern Ihnen das Zuhören, da sie Sie von Umgebungsgeräuschen abschirmen. Zusätzlich bieten sie den Vorteil, dass Ihre Mikrofone Umgebungsgeräusche herausfiltern und der Kunde (wenn es um Sie herum nicht zu turbulent zugeht) tatsächlich nur Sie und nicht die Kollegen hört.

Praxistipp

Investieren Sie in gute Technik. Ein gutes beidseitiges („zweiohriges“) Headset, sodass Sie selbst nicht abgelenkt werden von Nebengeräuschen. Testen Sie das Mikrofon – es sollte Hintergrundgeräusche herausfiltern und so eingestellt sein, dass es keine Atemgeräusche überträgt.

4.4 Mister Spock hat ein Problem

Für den Star-Trek-Vulkanier Mister Spock ist es nicht nachvollziehbar, für was Menschen Gefühle brauchen. In Bezug auf unsere Kommunikation ist die Antwort ganz einfach. Nur durch Gefühle sind wir fähig, einander richtig zu verstehen. Sie sind neben der Sprache Grundlage der Kommunikation. Unsere Motivation zeigt sich in unserer Stimmlage und Stimmmodulation. Wir lassen unsere Emotionen erklingen und das ist ansteckend für unsere Gesprächspartner. Monotones Sprechen ohne Modulation, ohne Betonung einzelner Passagen oder Wörter und ohne Lautstärkewechsel macht es unserem Zuhörer unmöglich, längere Zeit konzentriert zuzuhören. Die Betonung (z.B. durch Wechsel der Lautstärke, Pausen oder ausgeprägte Artikulation) vermittelt uns, was wichtig ist. Sie macht unsere Sprechweise lebendig und unseren Inhalt spannend. Auch Pausen können wie eine Betonung wirken, da sie Spannung aufbauen.

Die Stimme ist ein hochwirksamer, unterschwelliger Türöffner beim Kundentelefonat. Doch keine Angst: Maßnahmen der Stimmbildung sind keine Voraussetzung für erfolgreiche Telefonate. Klingt eine Stimme zu kontrolliert (wie bei einem Nachrichtensprecher), schafft sie sogar Distanz. Gerade die kleinen Besonderheiten der Stimme schaffen oft emotionale Anknüpfungspunkte und machen Sie menschlich sympathisch.

Stimmung und Stimme sind nicht umsonst wortverwandt. So reicht es meist, sich in eine gute Stimmung zu versetzen, um dann auch eine überzeugende freundliche Stimme zu haben. Nichtsdestotrotz ist es wichtig, dass Sie Ihre eigene Stimme kennen und sich Ihrer Stärken bewusst sind. So fällt es Ihnen leicht, ein positives Bild von sich zu erzeugen.

Das Eisbergmodell verdeutlicht: Jenseits einer inhaltlichen Information verschafft sich der Kunde ein Bild über Ihre Persönlichkeit und Haltung. Laut einer Studie von Tobias Grossmann vom Leipziger Max-Planck-Institut für Kognitions- und Neurowissenschaften sind bereits 7 Monate alte Säuglinge fähig, Emotionen aus Stimmen herauszuhören.[14]

---

[14] "The Developmental Origins of Voice Processing in the Human Brain" Tobias Grossmann 2010

Experiment

Wagen Sie einmal ein Experiment. Sprechen Sie den Satz: „Das Auto steht vor der Tür" in folgenden 4 Grundemotionen (übertreiben Sie dabei ruhig!).

- Wut
- Freude
- Angst
- Traurigkeit

Wenn Sie schauspielerisches Talent haben, gelingen Ihnen vielleicht auch noch diese beiden Gefühlslagen:

- Ekel
- Scham

Ich mache dieses Experiment oft mit Seminarteilnehmern und lasse sie unsichtbar hinter einer Wand diesen Satz in verschiedenen Emotionslagen sprechen. Der Rest der Gruppe muss raten, welche Emotion in der Stimme liegt. Die Trefferquote liegt bei den ersten vier Emotionen bei über 90 %. Gleichzeitig ist allen Beteiligten sofort klar: In unterschiedlichen Stimmungen gesprochen, hat der Satz vollkommen unterschiedliche Bedeutungen. Die Emotion verändert den Sinn der Nachricht. So können wir den Sachinhalt einer Nachricht nur wirklich verstehen, wenn wir die Emotionen berücksichtigen.

Wenn also ein Kollege dem anderen erzählt: „Ich habe dem Chef nur gesagt, dass das Auto vor der Tür steht. Ich weiß überhaupt nicht, warum der so komisch reagiert hat", fehlt bei der Erzählung ein wichtiger Teil, nämlich *wie*, also in welcher Emotion der Satz gesprochen wurde. Es kann gut sein, dass der Chef nicht auf den Inhalt der Nachricht, sondern auf die übermittelte Stimmungslage reagiert.

4.5 Wichtiges Hervorheben

„Das wusste ich nicht, das hat mir niemand gesagt." Wie oft habe ich diesen Satz aus Kundenmund schon gehört. Wenn Sie im telefonischen Kundenservice arbeiten, kennen Sie das bestimmt. Sie wissen genau, dass Sie dem Kunden die Information gegeben haben und doch erinnert sich dieser überhaupt nicht daran. Hier zeigt sich der alte Satz: Gesagt ist nicht gehört.

Doch wie erreichen wir es, dass unser Gegenüber sich an das Gesagte erinnert? Natürlich wird sich Ihr Gesprächspartner niemals an alles erinnern, was Sie sagen. Es gilt also, das Wichtige hervorzuheben. Oft sind das die Absprachen, die am Ende eines Gespräches getroffen werden. Neben einer beweiskräftigen Mail, in der Sie die wichtigsten Gesprächsinhalte noch einmal zusammenfassen, gibt es ein paar Tricks, wie Sie sich mehr Gehör verschaffen können und wesentliche Inhalte merk-würdig machen:

[1] Sprachliche Marker setzen

[2] Pro Satz möglichst nur eine wichtige Information geben

[3] Bewusstes Betonen ohne „Overload"

Sprachliche Marker setzen Sie, indem Sie ...

... zum Mitschreiben auffordern:

> „Ich gebe Ihnen jetzt die ..., haben Sie etwas zum Schreiben?"
>
> „Bitte notieren Sie sich ..."

... das Wort *wichtig* ggf. mit dem Verstärker *sehr* oder *ganz* einsetzen:

> „Noch eine *ganz wichtige* Information für Sie ..."
>
> „*Wichtig* ist, dass ..."
>
> „Es ist sehr, sehr wichtig ..."

... indem Sie den Kunden am Anfang des Satzes namentlich ansprechen. Das schafft Aufmerksamkeit:

> „Herr/Frau ... bitte bringen Sie zum Termin ... mit."

Überladen Sie Ihre Sätze nicht mit wichtigen Informationen.

Zuhörer können 1–2 neue Informationen pro Satz verarbeiten. Formulieren Sie also keine Schlangensätze ...

bloß nicht!

„Der Termin findet in den Räumlichkeiten der Firma Medicomunication am 1.1. um 11 Uhr in der Kolbstraße 21 im Hinterhaus, welches Sie über das blaue Tor an der Hausnummer 23 erreichen, wobei die Klingel sich aber an Hausnummer 21 befindet."

... sondern kurze Sätze mit je einer, höchstens zwei wichtigen Informationen:

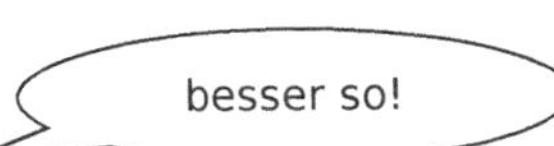

„Der Termin ist am *1. Januar* um *11 Uhr*."

„Die Adresse lautet *Kolbstraße 21*."

„Bitte klingeln Sie bei *Medicomunication*"

„Die Firma ist im *Hinterhaus*."

...

Stimmlich heben Sie Wichtiges durch dosierte Betonung hervor.

Doch Achtung: Das übertriebene oder zu häufige Betonen kann den Zuhörer nerven oder auch überfordern. Er überhört wichtige Informationen. Mit Ihrer Betonung heben Sie hervor, auf was es wirklich ankommt. In meinen Trainings mache ich oft die Erfahrung, dass bei der Übermittlung wichtiger Informationen zu viel betont wird und es dadurch zu einem „Overload" beim Zuhörer kommt.

Hierzu eine Übung:

Sprechen Sie die Sätze unten und betonen Sie jeweils **nur** das unterstrichene Wort. Der Rest des Satzes bleibt unbetont.

<u>Sie</u> geht mittags nach Hause.

Sie **<u>geht</u>** mittags nach Hause.

Sie geht **<u>mittags</u>** nach Hause.

Sie geht mittags **<u>nach Hause</u>**.

Sie stellen fest, je nachdem welches Wort Sie betonen, hat der Satz eine andere Bedeutung:

<u>Sie</u> geht mittags nach Hause.	Es geht genau um diese eine Person!
Sie **<u>geht</u>** mittags nach Hause.	Es geht darum, dass die Person zu Fuß geht und nicht fährt!
Sie geht **<u>mittags</u>** nach Hause.	Es geht darum, wann sie nach Hause geht, nämlich (schon oder erst) mittags
Sie geht mittags **<u>nach Hause</u>**.	Es geht darum, wohin sie geht, nämlich nach Hause

Praxistipp

Sichern Sie durch sprachliche Marker ab, dass Ihr Gesprächspartner aufmerksam ist. Formulieren Sie kurze Sätze und betonen Sie stimmlich nur die wesentlichen Informationen.

4.6 Ja nicht übertreiben!

Wir haben in den letzten Kapiteln viel über unsere Stimmwirkung erfahren. Doch wie klingt nun eine richtig gute Telefonstimme? Das ist wie vieles im Leben in erster Linie Geschmacksache. Als allgemeine Regel gilt jedoch festzuhalten: Vermeiden Sie alle Extreme und finden Sie eine gesunde Mitte z.B. zwischen:

- laut und leise
- hoch und tief
- schnell und langsam
- undeutlich und überartikuliert

Alle Extreme erzeugen Irritationen und schaffen beim Hörer ungünstige Assoziationen. Hier einige Beispiele:

Sprechweise des Mitarbeiters	mögliche Gedanken des Kunden
schnell und ohne Pausen	• „Er (der Mitarbeiter) ist sich seiner Sache nicht sicher, er ist nervös, deshalb spricht er so schnell." • „Er hat gerade viel zu tun und eigentlich keine Zeit für mein Anliegen. Er will mich schnell wieder loswerden."
langsam und stockend	• „Der überlegt sich genau, was er sagt. Er vermeidet, mir irgendetwas Unangenehmes zu sagen. Da gibt es etwas, was ich nicht wissen soll." • „Dem kann man beim Laufen die Schuhe besohlen – bei dem Arbeitstempo wird mein Anliegen nie erledigt." • „Ich fürchte, der ist etwas matt in der Birne und versteht gar nicht, was ich eigentlich will. Dem muss ich das bestimmt noch dreimal erklären."
hohe Stimme	• „Oh, jetzt ist der Azubi dran gegangen – wie süß. Aber eigentlich bräuchte ich eine professionelle Auskunft."
tiefe Stimme	• „Oh, der Chef persönlich – selbstsicher und seriös." • „Durchfeierte Nacht und dann ins Büro – oho!" • „Ich könnte ihm stundenlang zuhören – er sollte Märchenbücher vorlesen – so beruhigend."

sehr laute Stimme	• „Der ist aber auf Krawall gebürstet, Hilfe!“ • „Was für ein vorlauter Besserwisser!“ • „Anscheinend schwerhörig, oh nein, wie anstrengend.“
sehr leise Stimme	• „Der ist gar nicht selbstbewusst und in der Sache, die wir gerade besprechen ist er sich auch nicht sicher.“ • „Was für ein provokativer/rücksichtloser Zeitgenosse – ich muss mich so anstrengen, ihn zu verstehen und mir den Hörer ans Ohr pressen – furchtbar.“
starke Artikulation (übertrieben deutliche Aussprache)	• „Was für ein arroganter Schnösel. Wie herablassend er sich mir gegenüber verhält. Denkt wohl, er wäre etwas Besseres.“
nuschelig leiernde Modulation	• „Na der hat ja gar keinen Bock auf seinen Job – der kriegt ja kaum die Zähne auseinander – schrecklich!“ • „Was für ein ungebildeter Holzklotz.“ • „Ich wüsste mal gerne, wo der mit seinen Gedanken ist – bestimmt macht er nebenbei etwas anderes, der klingt so unkonzentriert.“ • „Na da ist aber jemand urlaubsreif. Das klingt ja überhaupt nicht motiviert, eher gelangweilt und genervt – Entschuldigung, dass ich störe!“
übertriebene Modulation mit vielen Höhen und sehr viel hörbarem Lächeln	• „Mist, jetzt bin ich beim Callcenter rausgekommen. Die können mir bestimmt keine Auskunft geben und eine Entscheidung treffen schon gar nicht.“
monotone Stimme	• „Was für ein Roboter, den hätten sie mal besser in die Sachbearbeitung gesteckt. Der hat ja gar kein Mitgefühl und mein Anliegen ist dem doch piep-egal.“

Praxistipp

Nehmen Sie Ihre Stimme z.B. mit der Aufnahmefunktion Ihres Handys auf. Sprechen Sie möglichst natürlich. Hören Sie sich die Aufnahme aufmerksam an: welche Sprechgewohnheiten könnten Ihre Kunden irritieren?

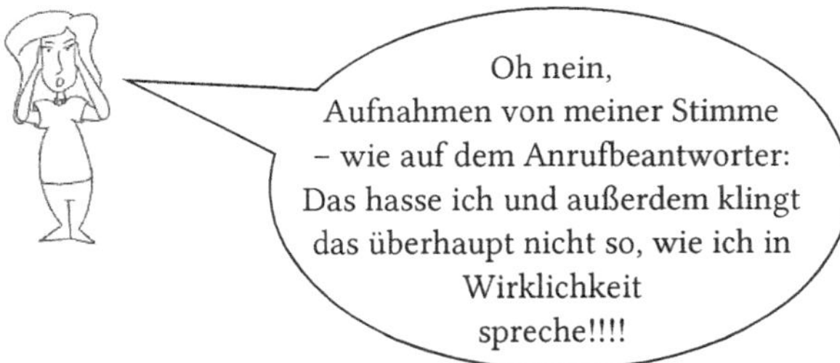

Ich gebe Ihnen mit Einschränkung recht, Frau Frama: Es klingt nicht so, wie Sie sich selbst hören! Neben der kleinen technischen Verzerrung, die Sie jedoch auch am Telefon immer haben werden, hat das vor allem folgenden Grund: Wir hören unsere Stimme nicht nur über die Schallübertragung der Luft, sondern auch zusätzlich über die sogenannte Knochenleitung – also quasi „von innen". Dadurch nehmen wir die eigene Stimme selbst anders wahr. Die Knochen und Muskeln dämpfen die Schallübertragung und dies klingt dann etwas „dumpfer".

Die Aufnahme ist für den telefonischen Kontakt so wie ein sorgfältiger Blick in den Spiegel. Stellen Sie sich vor, Sie möchten ein Passbild in einem dieser Automaten aufnehmen, in die man sich hineinsetzen kann. Sie sehen zuvor in den Spiegel. Natürlich werden Sie nichts „Prinzipielles", wie Ihre Nase oder Ihr Kinn verändern können. Aber Ihnen fallen störende Details auf. Vielleicht kämmen Sie sich oder nehmen das Kinn ein wenig nach oben oder unten.

Durch eine Aufnahme erfahren Sie: So hören Andere meine Stimme am Telefon. Auch wenn Sie Ihre Stimme bei Aufnahmen vielleicht schrecklich finden, freunden Sie sich mit ihr an. Der erste Schritt zu einer guten Telefonstimme ist es, eigene „Macken" zu erkennen. Erst danach kommt der Veränderungsprozess.

Als Telefoncoach habe ich oft Aufnahmen eingesetzt. Meine Erfahrung dabei war: Meine Kunden brauchten mich im Grunde gar nicht, um ihre eigenen störenden Sprechgewohnheiten zu erkennen. Meist waren sie viel kritischer als ich und nach dem Anhören der Aufnahme hoch motiviert, Veränderungen vorzunehmen.

4.7 Der Kunde gibt den Ton an

Ganz unabhängig von unserer eigenen Stimme gibt es einen weiteren sehr wichtigen Faktor für den richtigen Ton am Telefon – unser Gegenüber und seine Sprechweise. Denn eine „ideale" Stimmführung am Telefon, unabhängig vom Gesprächspartner, gibt es nicht.

Ist Ihnen schon einmal aufgefallen, dass Menschen ihre Sprechweise automatisch an den Gesprächspartner anpassen? Man spricht bei dieser Anpassung auch von „Pacing" (aus dem englischen „angleichen", „anpassen" oder „gleichen Schrittes gehen").

Dazu eine kleine Geschichte:

Die Familie meiner Mutter lebt verstreut in ganz Deutschland. Ich erinnere mich, dass ich als Kind bei Telefonaten meiner Mutter immer wusste, welcher Verwandte gerade am anderen Ende der Leitung war. War es die Tante aus der Nähe von Stuttgart, hörte ich bei meiner Mutter ein leichtes „Schwäbeln". Bei meiner Tante aus Freiburg sprach sie plötzlich mit einem alemannischen Zungenschlag und bei meinem Onkel aus Köln war in kürzester Zeit der typisch rheinländische Singsang herauszuhören. Meiner Mutter selbst war das nicht bewusst – darauf angesprochen, reagierte sie etwas verlegen.

Heute weiß ich, dass sie eine wahre Meisterin im „Pacing" war. Natürlich hörte ich immer sie selbst und ihre Persönlichkeit, doch gleichzeitig schuf sie ganz automatisch einen guten Draht und zeigte durch ihre Anpassung ihre tiefe Sympathie mit dem Geschwister.

Doch wie funktioniert Pacing am Telefon, wenn wir es bewusst einsetzen? Wir können uns im Bereich der **Stimmlage und Modulation**, der **Sprechgeschwindigkeit,** der **Lautstärke**, dem **Einsatz von Pausen** und der **Wortwahl** anpassen. Hier einige Beispiele:

- **Herr Meier spricht laut und wirkt auf Sie sehr energisch und fordernd**.

  Richten Sie sich auf und versuchen Sie Ihr Energieniveau anzupassen. Sprechen Sie nur so laut, wie Sie dies selbst ohne übermäßigen Kraftaufwand schaffen. Wenn Sie gerade Schwierigkeiten haben, genügend Energie aufzubringen – stehen Sie auf, wenn möglich bewegen Sie sich ein wenig – das lässt Ihre Stimme direkt energetischer wirken. Achtung: Sie spiegeln die Lautstärke und die Energie, nicht jedoch aggressive Zwischentöne!

- **Frau Jansen hat keine Zeit und spricht schnell und wirkt auf Sie hektisch**.

  Versuchen Sie sie auf keinen Fall zu bremsen, indem Sie betont langsam sprechen. Konzentrieren Sie sich. Sie müssen keinen Schnellsprechwettbewerb gewinnen, aber Frau Jansen mag sicherlich keine ausschweifenden, im Konjunktiv formulierten Abwägungen.

Zeigen Sie sich lösungsorientiert und bauen Sie Formulierungen ein wie: „dann lassen Sie uns direkt zum Punkt kommen“, „der schnellste Weg ist ...“ „damit wir keine Zeit verlieren, schlage ich vor ...“.

- **Herr Krüger „ist nicht vom Fach“ und formuliert unsicher und zögerlich**.
  Lassen Sie ihm Zeit. Fassen Sie das, was Sie verstehen, in Ruhe zusammen und fragen Sie nach. Vermeiden Sie Fachbegriffe und markieren Sie nicht den Neunmalklugen. Begeben Sie sich bewusst auf Augenhöhe.

Pacing bedeutet also nicht das Nachahmen, sondern, in einem tieferen Sinne, sich auf den Anderen einlassen:

- auf seine Sprechgeschwindigkeit,
- seine Energie,
- seine Wortwahl.

Dadurch passiert oft unwillkürlich noch etwas. Der Andere fühlt sich von uns besser angenommen und verstanden. Dazu müssen wir bereit sein, stimmlich und sprachlich einen kleinen Schritt aus unserer gewohnten Welt zu gehen.

Beispiel Lautstärke

Das ist oft gar nicht so einfach. Gerade wenn uns jemand auf Anhieb nicht sympathisch ist, neigen wir oft automatisch zu einer „Gegenreaktion“. Der Andere spricht mir zu laut, dann spreche ich jetzt ganz leise, damit er merkt, dass seine Lautstärke nicht angemessen ist.

Solche „pädagogischen Interventionen“ zeigen nur selten Erfolg. Sie sind wie ein Tauziehen, da jeder auf seiner eigenen Seite gegen den anderen kämpft. Durch meine stimmliche Abgrenzung schaffe ich Distanz und im schlimmsten Fall wirke ich auf mein Gegenüber unsympathisch. Durch das Anpassen sende ich unter der Wasseroberfläche (um mit dem Eisbergmodell zu sprechen) das Signal: Ich bin wie Du.

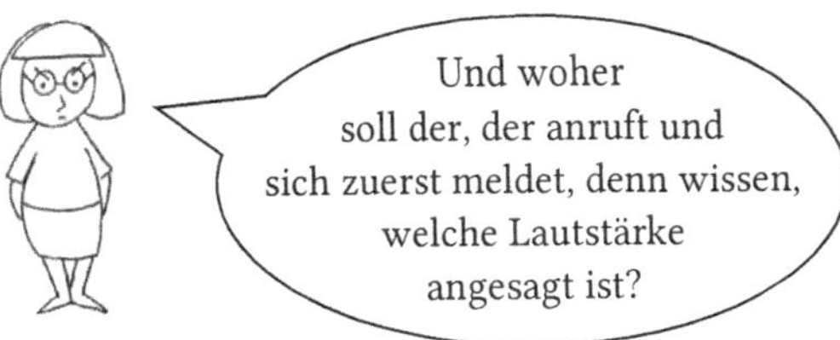

Erfahrungsgemäß ist es schwierig, zu Beginn eines Gespräches die richtige Lautstärke zu wählen. Fangen Sie ruhig etwas lauter an, um sicherzustellen, dass Sie am anderen Ende der Leitung verstanden werden. Orientieren Sie sich dann am Gesprächspartner und passen Sie sich seiner Lautstärke an.

Neben der Lautstärke des Gesprächspartners spielen natürlich auch die Umgebungsgeräusche eine wichtige Rolle: Wenn an dem einen oder anderen Ende der Leitung der Straßenverkehr, eine Baustelle oder ein Staubsauger lärmt, müssen beide Gesprächspartner lauter sprechen, um die Verständlichkeit zu sichern.

bloß nicht!

Aber Achtung, manchmal sprechen wir auch lauter, um Verständigungsprobleme zu lösen, die gar nichts mit der Akustik zu tun haben. Oft erlebe ich, dass z.B. mit Menschen, deren Muttersprache nicht Deutsch ist, lauter gesprochen wird. Dies führt häufig zu Konflikten, da die Lautstärke die Verständigung nicht verbessert, sondern als unfreundlich und aggressiv wahrgenommen wird. Achten Sie in diesen Fällen mehr darauf, einfache, kurze Sätze zu formulieren und wählen Sie Wörter aus dem Grundwortschatz. Nutzen Sie mehr Verben und weniger Substantive. UND: Sprechen Sie auf keinen Fall unhöflich, grammatikalisches Kurzdeutsch à la: „Du Auto haben?" Achten Sie stattdessen besonders auf Freundlichkeit und Geduld – Ihr Gesprächspartner muss sich viel Mühe geben, um mit Ihnen zu sprechen. Wenn Ihnen das schwerfällt, erinnern Sie sich einfach an den Englisch- oder Französischunterricht in der Schule und daran, wie Sie sich gefühlt haben, wenn Sie in der fremden Sprache gesprochen haben und nicht sicher waren, ob Sie sich richtig ausdrücken.

Ok, ok ... das mit diesem Pacing-Dings verstehe ich prinzipiell alles, aber es gibt ja auch solche Kunden ... ich habe da auch direkt so einen ... im Kopf, den ich überhaupt nicht mag. Da **will** ich mich gar nicht anpassen!

Frau Frama, das ist die Frage nach: Huhn oder Ei? Was ist zuerst da: Einstellung oder Stimme?

Meine Mutter musste niemals einen Gedanken daran verschwenden, wie sie sich am besten an ihre Geschwister anpasst – sie hat es einfach getan. Doch was tun, wenn keine Sympathie besteht und wenn Sie sich schwer damit tun, mit einem Menschen in einen guten Kontakt zu kommen? Ich empfehle Ihnen: Überwinden Sie den inneren Schweinehund und probieren Sie es aus – passen Sie sich ein klein bisschen an. Gehen Sie stimmlich einen Schritt auf das Gegenüber zu, signalisieren Sie: Du bist ok, so wie Du bist. Sie werden überrascht sein. Oft fühlt es sich ganz anders an, als Sie erwartet haben und Ihr Gesprächspartner wird Ihnen ganz aus Versehen tatsächlich sympathischer. Keine Angst – Sie müssen sich nicht „verbiegen" und Ihre eigenen Werte verraten, nur weil Sie sich auf jemanden einlassen, der ganz anders ist oder denkt als Sie. Das Schlimmste, was Ihnen passieren kann, ist eine neue Erfahrung, ein tieferes Verständnis und eine Erweiterung Ihrer Handlungsfähigkeit.

Praxistipp

Passen Sie sich Ihrem Gesprächspartner an, ohne ihn „nachzuäffen".

Durch Pacing erkennt der Gesprächspartner Sie als „vom gleichen Stamm" und fühlt sich von Ihnen akzeptiert – ganz unabhängig davon, ob er nun Experte, Laie, jung, alt, eine Stimmungskanone oder gerade sehr müde ist. Dies ist der erste und wichtigste Schritt dazu, dass er auch Ihnen gegenüber Akzeptanz aufbauen kann.

4.8 Einfach weiteratmen

In diesem Kapitel geht es um das richtige Atmen. Sprechen ist tönendes Ausatmen. Gesteuert durch unsere Spiegelneuronen[15] übernehmen wir oft die Atmung unseres Gegenübers. Atmet dieser hektisch, erzeugt dies negative Gefühle und Stress.

Zu meinen Telefonschulungen bringe ich gerne Seifenblasen mit. Erinnern Sie sich, wie Sie als Kind Seifenblasen gemacht haben oder tun Sie es vielleicht auch heute noch gerne? Wunderbar – dann wissen Sie schon ganz viel über das dosierte langsame und vollständige Ausatmen. Genau so gelingt es Ihnen, möglichst viele Seifenblasen nacheinander zu machen. Denn pusten Sie zu stoßartig kräftig, platzt die Blase schnell.

Viele Meditations- und Entspannungstechniken beschäftigen sich mit der richtigen Atmung. Oft hört man den Tipp: Hol erst mal tief Luft! Dabei ist es so, dass wir uns über das Einatmen gar nicht so viele Gedanken machen müssen. Einatmen ist ein Reflex und wir tun es in Stresssituationen eher zu viel als zu wenig. Und da sind wir wieder bei den Seifenblasen.

---

[15] Vergleiche Abschnitt 4.2

Was wir nämlich vergessen, ist das vollständige Ausatmen: Und das reduziert unser Stressniveau ganz enorm. Wenn wir mehrmals hintereinander langsam und gleichmäßig vollständig ausatmen, verlangsamt sich automatisch unser Pulsschlag, der Blutdruck sinkt und wir fühlen uns entspannter. Das entspannt auch unsere Stimme und macht es unseren Gesprächspartnern leichter, uns zuzuhören und sich auf uns einzulassen.

Oft atmen wir bewusst tief ein und halten die Luft in unserem Brustkorb, sobald das Telefon klingelt. Wir nehmen das Gespräch an und klingen durch den Überdruck in unserem System direkt etwas gestresst. Beobachten Sie sich selbst einmal. Atmen Sie tief ein, bevor Sie ans Telefon gehen? Was hier abläuft, ist ein Urprogramm. Bei einer körperlichen Anstrengung ist es sinnvoll, viel Sauerstoff in die Muskulatur zu pumpen – eine Technik, die 100-Meter-Läufer nutzen. Um entspannt und freundlich ans Telefon zu gehen, ist diese Technik jedoch kontraproduktiv.

Praxistipp

Einatmen ist ein Reflex – Sie müssen sich nicht darauf konzentrieren, es passiert automatisch. Steuern Sie ganz bewusst gegen Ihr Urprogramm – atmen Sie bewusst aus, sobald das Telefon klingelt.

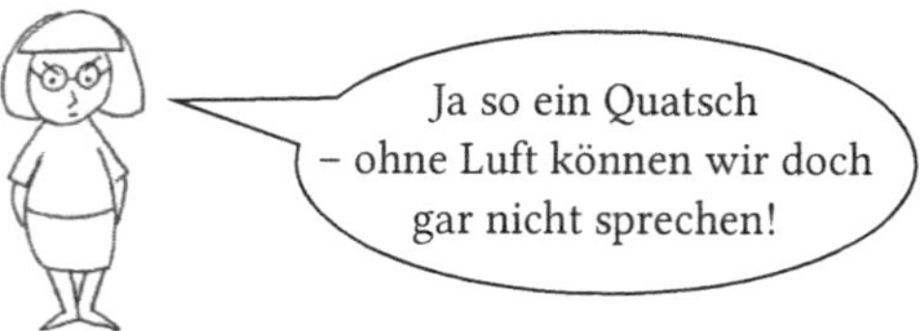

Das stimmt natürlich, Dr. Krittel. Sie dürfen danach natürlich auch wieder einatmen – es geht nur darum, dass Sie sich auf das langsame vollständige Ausatmen konzentrieren.

Übung für besonders gestresste Telefonierer

Sie möchten gerne noch mehr Entspannung, da es bei Ihnen wirklich stressig zugeht? Dann probieren Sie doch mal die 4-7-8-Atmung!

Woher stammt die 4-7-8-Atmung?

Die 4-7-8-Atmung wurde abgeleitet aus dem sogenannten Pranayama, einem Bestandteil des Raja Yogas. Das Ziel des Pranayama: die Zusammenführung von Körper und Geist durch Atemübungen. Diese Absicht verfolgt auch die 4-7-8-Atmung. Sie gilt als natürliches Beruhigungsmittel für das Nervensystem, das den Körper in einen Zustand der Ruhe und Entspannung versetzt.

Atmen Sie vor der Übung einmal vollständig aus. Tun Sie dies geräuschvoll auf den Buchstaben f.

Berühren Sie während der gesamten Übung mit der Zungenspitze die Erhöhung direkt hinter den Vorderzähnen.

[1] Schließen Sie den Mund und atmen Sie durch die Nase ein. Zählen Sie dabei innerlich bis **4**.

[2] Halten Sie den Atem an und zählen dabei innerlich bis **7**.

[3] Atmen Sie die komplette Atemluft geräuschvoll (auf den Buchstaben f) durch den Mund aus und zählen Sie dabei innerlich bis **8**.

Wiederholen Sie Schritt 1–3 viermal hintereinander.

Praktizieren Sie diese Übung anfangs morgens und abends, später reichen dann jeweils zwei Durchgänge. Nach wenigen Wochen lässt sich die Übung in den Arbeitsalltag integrieren; z.B. zwischen anstrengenden Gesprächen oder in Bildschirmpausen. (Sie können dabei dann auch auf das geräuschvolle „fff" beim Ausatmen verzichten.)

4.9 Der Körper spricht mit

In diesem Kapitel geht es um den Zusammenhang zwischen der Körperhaltung, Gestik, Mimik und Stimme. Sie erfahren, wie die ideale Körperhaltung am Telefon aussieht, mit welchen einfachen Veränderungen Sie Ihre Stimmqualität verbessern können, und welche einfachen körperlichen Übungen beim Telefonieren sofort den Stress reduzieren.

Wussten Sie, dass wir beim Telefonieren idealerweise stehen sollten?

Genau das ist es: Es ist unbequem und damit signalisieren Sie Ihrem Körper, dass jetzt Konzentration gefragt ist. So kann es sehr sinnvoll sein, beim ersten Telefonat des Tages bewusst aufzustehen. Das Stehen verbessert Ihren Kreislauf und damit auch die Hirnaktivität. Ganz nebenbei klingt Ihre Stimme dabei noch viel voller, da mehr Resonanzraum im Brustkorb entsteht. Oder haben Sie schon einmal einen Chorauftritt mit sitzenden Sängern gesehen? Eher selten, oder?

Ganz nebenbei weiß man heute, dass der Wechsel zwischen Sitzen und Stehen sehr gut für die Wirbelsäule ist. Diese befindet sich beim Stehen in der sogenannten Null-Neutral-Stellung, besser bekannt auch als S-Form, was eine Entlastung für den Rücken darstellt.

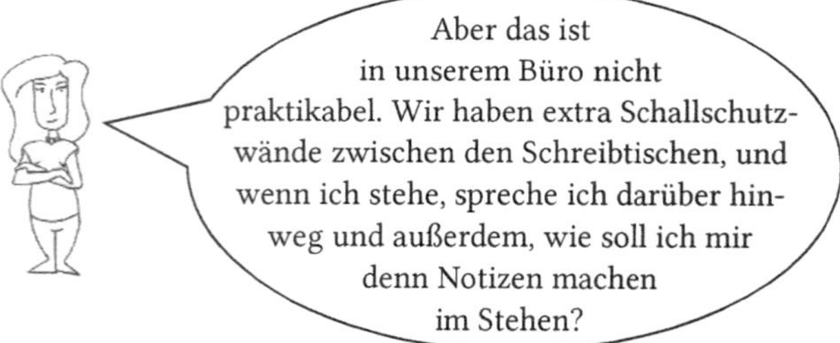

Vielleicht können Sie mittel- oder langfristig über die Anschaffung von höhenverstellbaren Schreibtischen und einem angepassten Schallschutzkonzept nachdenken. Spätestens wenn Sie jemanden mit Bandscheibenproblemen in der Abteilung haben, ist das eine lohnenswerte Überlegung.[16] Die Alternative zum Stehen ist eine gerade Sitzhaltung. Denn eine gekrümmte Haltung am Schreibtisch engt den Solarplexus und das Zwerchfell ein, was die Atmung erschwert und direkte Auswirkungen auf die Stimme hat.

Ganz im Gegensatz zu dem, was unsere Großeltern uns noch mit „sitze schön still" predigten, gilt heute die dynamische Sitzhaltung [17] als ideal.

Folgende Tipps helfen Ihnen, Haltung zu bewahren:

---

[16] Kelly Starrett: Sitzen ist das neue Rauchen: Das Trainingsprogramm, um lebensstilbedingten Haltungsschäden vorzubeugen und unsere natürliche Mobilität zurückzugewinnen 2016

[17] Im Literaturverzeichnis finden Sie einige Links im Netz, unter denen Sie weitere Informationen zum Thema „gesundes Sitzen" finden können.

Bloß nicht!	Besser:
Die Füße verknoten oder Beine dauerhaft zusammenschlagen	• Beide Beine auf dem Boden stellen und gerne mal zwischendurch nach vorne und hinten abrollen
Oberkörper nach vorne abgeknickt (Rundrücken)	• Körper beim Sprechen aufrecht halten • Ein rechter Winkel bei Knie und Ellenbogen verhindert Fehlbeanspruchungen in den Schultern, im Rücken, Armen und Beinen • Beim Zuhören können Sie sich entspannt nach hinten lehnen (hier ist eine ergonomische flexible Rückenlehne ideal!)
Schultern verkrampft nach oben vorne ziehen	• Schultern sind entspannt (rollen Sie sie zur Kontrolle einmal nach hinten und lassen Sie sie hinten unten hängen)

Sie sollten jedoch keineswegs in dieser Haltung „einfrieren", sondern flexibel sitzen, da sonst auch die ideale Haltung zu einer Belastung wird und nur eine bewegte Haltung auch automatisch zu einem lebendigen Sprechen führt.

Folgende kleine Übungen helfen Ihnen, zwischen den Telefonaten eine gute Haltung zu wahren:

- Ziehen Sie die Schultern kurz nach oben und lassen sie wieder entspannt fallen.
- Rollen Sie die Schultern 5-mal nach hinten und hängen Sie sie anschließend entspannt nach hinten unten.
- Spannen und entspannen Sie zwischendurch Ihre Gesäßmuskeln 10-mal.
- Verschränken Sie 10 Sekunden die Arme hinter dem Kopf und strecken Sie die Brustwirbelsäule.
- Strecken Sie die Beine 10 Sekunden aus und räkeln Sie sich.
- Stehen Sie zwischendurch auf und schütteln Sie Arme und Beine aus.
- Gehen Sie im Sitzen mit beiden Füßen gleichzeitig oder abwechselnd in den Zehenstand und setzen Sie die Fersen wieder ab. Wiederholen Sie die Übung 15-mal.

4.10 Warum versteht mich keiner?

„Wie bitte?" Manchmal fällt es schwer, am Telefon alles zu verstehen. Vielleicht kennen Sie das selbst, dass Sie z.B. zu Beginn des Gesprächs Schwierigkeiten haben, den Namen des Anrufers zu verstehen.

Und wie gut verstehen Ihre Kunden Sie? Fragen Ihre Gesprächspartner häufig nach, weil sie Sie nicht verstanden haben?

Neben technischen Problemen und Hintergrundgeräuschen gibt es drei Hauptursachen dafür, dass Menschen schlecht verstanden werden:

[1] Sie sprechen zu leise

[2] Sie sprechen zu schnell und / oder machen keine Pausen

[3] Sie sprechen undeutlich

1. **Sie sprechen zu leise**.

Gerade bei der Einkanalkommunikation ist eine leise Sprechweise für den Kunden oft anstrengend. Er muss sich den Hörer ans Ohr pressen, gegebenenfalls das andere Ohr zuhalten, damit er Sie gut verstehen kann. Nach aktuellen Studien sind zwischen 11 und 19 % der Deutschen schwerhörig bzw. hörbeeinträchtigt.[18] Gerade für diese Kunden ist das Telefonieren mit Leisesprechern besonders anstrengend.

Gleichzeitig hat eine leise Sprechweise auch Auswirkungen darauf, wie Ihre Persönlichkeit vom Kunden wahrgenommen wird.[19] Leise Stimmen wirken oft unsicher und wenig selbstbewusst. Das kann Ihre Kunden an der Richtigkeit der Aussagen und Ihrer Kompetenz zweifeln lassen.

Wenn Sie dagegen leise und sehr deutlich sprechen, kann dies provokativ wirken. Vielleicht erinnern Sie sich auch an diesen einen Lehrer in der Schule, der, wenn die Klasse zu laut war, sehr leise mit süffisantem Lächeln wichtige Informationen, wie z.B. die Inhalte der nächsten Klassenarbeit bekannt gab? So kann leises Sprechen zu einem „Machtspiel“ werden. Besonders wirksam, wenn Ihr Kunde eh schon aufgeregt ist und selbst eher laut spricht.

Achten Sie also auf eine angepasste Lautstärke, sodass Ihr Gesprächspartner sich nicht anstrengen muss, Sie zu verstehen.

2. **Sie sprechen schnell und/oder machen zu wenig Pausen**.

Kennen Sie diese Radiomoderatoren, die pausenlos in einer unglaublichen Geschwindigkeit fröhlich ins Mikrofon plappern? Zwischendurch hören wir kurz zu, dann schweifen wir wieder ab und nehmen das Programm nur noch als (hoffentlich angenehmes und nicht nerviges) Grundrauschen wahr. Schnellsprechern zuzuhören erfordert eine hohe Konzentration. Wenn dazu noch die Sprechpausen fehlen, haben wir als Zuhörer keine Gelegenheit, das Gehörte mit unserem eigenen Wissen und unseren Erfahrungen zu verknüpfen. In Sprechpausen entwickelt der Zuhörer nicht nur ein Verständnis für das Gesagte, er entwickelt auch innere Bilder und Emotionen. Ist dies nicht möglich, wird das gesprochene Wort nicht oder fehlerhaft verarbeitet.

---

[18] Vgl. Petra von Gablenz, Inga Holube: Prävalenz von Schwerhörigkeit im Nordwesten Deutschlands; Ergebnisse einer epidemiologischen Untersuchung zum Hörstatus (HÖRSTAT) Zeitschrift: HNO Ausgabe 3/2015

[19] Vgl. Abschnitt 4.6: Ja nicht übertreiben!

Gerade routinierte Servicemitarbeiter und Vertriebler sprechen häufig zu schnell. Vor allem Worte, die immer wieder gesagt werden, wie die Meldeformel. Damit einher geht oft ein singender Tonfall, was die Verständlichkeit zusätzlich erschwert. Dem Kunden wird es nahezu unmöglich, den Namen des Mitarbeiters zu verstehen. Die Ursache für dieses schnelle Sprechen ist gut nachvollziehbar: Wir haben die Worte schon so oft gesprochen – uns sind die Inhalte ausreichend bekannt. Der Anrufer aber hört diese oft zum ersten Mal und schließt von der schnellen Sprechweise eventuell darauf, dass wir nicht wirklich motiviert sind.

Eine Wirkung der schnellen Sprechweise ist die, dass das, was gesagt wird, als „nicht so wichtig" eingeordnet wird. So sprechen wir erläuternde Nebensätze oft schneller als den Hauptsatz. Wenn nun aber der Hauptsatz selbst schnell gesprochen wird, erzeugt dies Irritation.

Zur Verdeutlichung: Stellen Sie sich einmal folgende Situation vor: Ein Mann kniet vor seiner Angebeteten und sagt sehr schnell: „Ich liebe Dich, willst Du mich heiraten?" Die Situation bekommt sofort etwas Komisches. Einen Satz wie „ich liebe Dich, willst Du mich heiraten" kann man einfach nur langsam sprechen, damit er Bedeutung bekommt. Natürlich machen Sie Ihren Kunden normalerweise keine Heiratsanträge am Telefon. Nichtsdestotrotz haben Sie sicher Bedeutsames mitzuteilen. Natürlich sollten Sie nicht roboterhaft langsam sprechen und sich in Ihrer Sprechgeschwindigkeit Ihren Kunden etwas anpassen. Sprechen Sie so langsam und machen Sie ausreichend Pausen, damit Ihr Kunde die Bedeutung des Gesagten verstehen und empfinden kann.

Denken Sie daran, dass Sie der Experte sind und Ihnen vieles selbstverständlich erscheinen mag, was für den Kunden neu ist. Gönnen Sie Ihrem Kunden Verarbeitungspausen.

Und, vergessen Sie nicht, dass von Ihrer Stimme und Ihren Sprechgewohnheiten auch Rückschlüsse auf Ihre Persönlichkeit gezogen werden.[20] So kann eine schnelle Sprechweise einen Menschen als unsicher erscheinen lassen. Wir kennen das, dass Kinder, die auf einer Bühne zum Beispiel ein Gedicht aufsagen sollen, dieses vor Aufregung schnell herunterrattern.

3. **Sie sprechen undeutlich**.

Im Volksmund sagt man: Er nuschelt sich etwas in den Bart. Gemeint ist die Klarheit und Deutlichkeit der erzeugten Sprechlaute – die Artikulation.

---

[20] Vgl. Abschnitt 4.6: Ja nicht übertreiben!

Eine schlechte Artikulation wird vom Gesprächspartner als fehlende Motivation aufgefasst. Schlimmer noch – Menschen, die undeutlich sprechen, werden oft als ungebildet und inkompetent wahrgenommen. Dabei ist eine deutliche Sprechweise (abgesehen von eher seltenen anatomischen Problemen) trainierbar. Der erste wichtige Schritt ist, dass Sie sich angewöhnen, den Mund beim Sprechen weiter zu öffnen und mehr zu bewegen.

Durch ein paar einfache Übungen können Sie Ihre Sprechmuskulatur aktivieren. Ja, Sie haben richtig gelesen: Es geht hier tatsächlich auch um die Muskulatur! Zum deutlichen Sprechen müssen Ihre Lippen und Ihre Zunge elastisch sein und Ihr Unterkiefer und Ihre Gesichtsmuskulatur müssen wach und locker sein.

Artikulationsübungen

1. **Zungenbrecher**:

Versuchen Sie es einmal: Sprechen Sie die folgenden Zeilen einmal mit nur wenig geöffnetem Mund und wenig Bewegung der Lippen und des Kiefers und einmal mit weiter geöffnetem Mund und deutlichen Bewegungen – übertreiben Sie dabei ruhig!

- tschechische Stretch-Jeans
- Bald blüht breitblättriger Wegerich; breitblättriger Wegerich blüht bald.
- Der Cottbusser Postkutscher putzt den Cottbusser Postkutschkasten.
- Im dichten Fichtendickicht nicken dicke Fichten tüchtig.
- Der Kaplan klebt Pappplakate; Pappplakate klebt der Kaplan.
- Der Whiskeymixer mixt den Whiskey für den Whiskeymixer.
- Vor dem Scheibenschützenhaus schätzen Schützen Schießdistanzen.
- Brautkleid bleibt Brautkleid und Blaukraut bleibt Blaukraut.

Sicher kennen Sie noch mehr von diesen sogenannten Schnellsprechsätzen oder Zungenbrechern.

Beim Üben kommt es gar nicht so sehr auf das schnelle, sondern auf das überdeutliche Sprechen an. Wenn Sie etwas Gutes für Ihre Artikulation tun möchten, empfehle ich Ihnen regelmäßig laut und überdeutlich Zungenbrecher vorzulesen. Hängen Sie sich doch einen Zettel mit Zungenbrechern ins Badezimmer neben den Spiegel. Sie können dabei sogar Ihre Zähne putzen – das Sprechen der Zungenbrecher mit Zahnbürste im Mund erschwert die Artikulation zusätzlich und trainiert dadurch Ihre Muskulatur noch effektiver. Im Internet finden Sie unter den Stichworten Zungenbrecher oder Schnellsprechsätze seitenweise Übungsmaterial.

Hier noch zwei weitere einfache Übungen zur Lockerung der Gesichtsmuskulatur:

2. **Die Minion-Übung**[21]:

Sprechen Sie abwechselnd die untenstehenden Vokale. Fangen Sie langsam an und werden Sie dann immer schneller. Achten Sie auf eine deutliche Lippenformung:

„Ü – I“

„A – O“

„U – E“

3. Der Traktor

Um Ihre Lippen zu lockern, legen Sie diese locker aufeinander, atmen Sie tief durch die Nase ein und lassen Sie die Ausatemluft zwischen den locker geschlossenen Lippen durchströmen. Ahmen Sie dabei das Geräusch eines Traktors nach. Die Lippen sollen dabei sichtbar flattern und deutlich hörbar vibrieren: BBBBBB. (Wenn Sie mit dem Traktorengeräusch nichts anfangen können, versuchen Sie ein Auto oder Motorrad oder ein „schnaubendes Pferd“.)

Durch diese Übung erreichen Sie, dass Ihre Lippen sich lockern und beweglicher werden.

Praxistipp

Schlechte Artikulation und Sprechtempo stehen oft in einem direkten Zusammenhang. Bitte achten Sie darauf, dass der Gesprächspartner die übermittelten Informationen aufnehmen kann. Sprechen Sie im Zweifel lieber etwas langsamer und deutlicher.

Und wenn der Kunde nuschelt?

---

[21] Mich erinnert diese Übung immer an den Film „Ich einfach unverbesserlich“ und den die Feuerwehr nachahmenden Minion: „Bidobidobidobido“

Wenn es Sprachprobleme wie Stottern, Haspeln oder starkes Nuscheln gibt, achten Sie darauf, Ihren Gesprächspartner nicht indirekt abwertend zu behandeln, indem Sie mit ihm sprechen wie mit einem Kind. Sie als Profi wissen ja, dass das innerlich erzeugte Bild zu 80 % eine eigene Konstruktion ist (vgl. Eisberg Abschnitt 4.2.1).

4.11 Überzeugend sprechen

Kennen Sie das, wenn Kollegen ihre Meldung ins Telefon trällern? Es klingt fast, als würden sie singen. Im besten Fall kommt dies beim Kunden gut gelaunt an. Im schlechtesten Fall hält der Kunde Sie für *so einen freundlichen, aber ahnungslosen Callcenter-Agent*.

Jede Stimme hat eine sogenannte Indifferenzlage. Das ist die durch unsere Anatomie festgelegte Stimmhöhe. Gleichzeitig heben und senken wir die Stimme beim Sprechen, was unsere Sprechweise lebendig macht. Man spricht hier von der Stimmmodulation (Sprachmelodie). Ohne Modulation wäre unsere Stimme monoton und roboterhaft. Frauen haben meist eine höhere Stimmlage und modulieren beim Sprechen mehr. Dadurch wirken sie oft emotionaler. Dies ist jedoch nur zum Teil ihrer Anatomie geschuldet. Als Trainerin habe ich oft erlebt, dass ich mich in normaler Stimmlage mit einer Mitarbeiterin unterhalten habe und diese danach am Telefon mit einem Kunden geradezu anfing, in höchsten Tönen zu zwitschern. Einerseits klingt dies natürlich überaus freundlich, denn wenn wir lächeln, wird unsere Stimme automatisch höher. Die Schattenseite ist, dass männlichen Kollegen alleine dadurch, dass sie tiefer und monotoner sprechen, mehr Sachlichkeit und Kompetenz zugeschrieben wird.

Übrigens beanspruchen wir unsere Stimme unnötig stark, wenn wir nicht in unserer Indifferenzlage sprechen, und wir werden schneller heiser.

Der Sprechwirkungsforscher Walter Sendlmeier[22] fand bei einer Untersuchung von Vorstandsmitgliedern von Dax-Unternehmen heraus, dass Führungskräfte etwas tiefer und mit mehr Pausen sprechen als vergleichbare Personen ohne Führungsposition.

---

[22] Walter Sendlmeier: Sprechwirkungsforschung. Grundlagen und Anwendungen mündlicher Kommunikation, 2., überarbeitete Auflage 2018

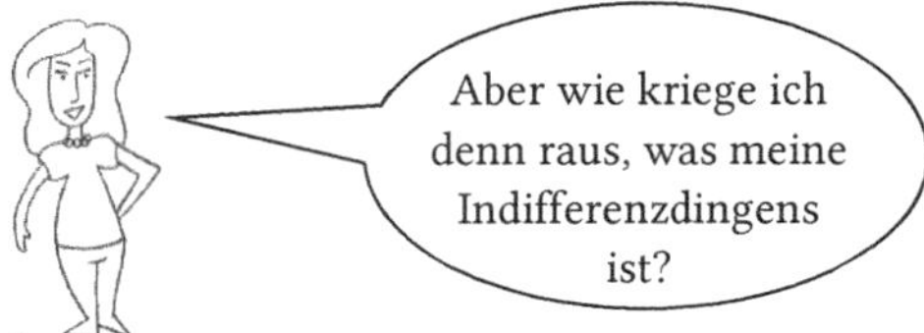

Folgende Übung hilft Ihnen, Ihre Indifferenzlage zu bestimmen:

Stellen Sie sich vor, Sie hören einem Menschen zu, der Ihnen ohne Punkt und Komma etwas erzählt, was Sie eigentlich nicht interessiert. Trotzdem bestätigen Sie, was er sagt, durch ein ständiges (evtl. auch gelangweiltes) „mh mh mh". Voilà: Das lautmalerische „mhm", welches Sie ohne Anstrengung von sich geben, entspricht von der Tonhöhe Ihrer Indifferenzlage. Diese sollte der Grundton sein, an dem Sie sich beim Sprechen orientieren.
Mit unserer Modulation und durch Pausen beim Sprechen erreichen wir aber noch viel mehr. Wir setzen Satzzeichen und geben unserer Sprache Struktur. Anhand des Anhebens oder Absenkens der Stimme am Ende eines Satzes hören wir, ob es sich um eine Frage, einen Nebensatz oder eine Aussage handelt:

Wenn wir am Ende eines Satzes nach oben gehen und danach eine Pause machen, zeigt dies an, dass es sich um eine Frage handelt. Ohne Pause handelt es sich um einen Nebensatz, dem weitere Ausführungen folgen.

Einen Punkt setzen wir, indem wir mit der Stimme am Ende des Satzes nach unten gehen. Die Tonhöhe verändert sich also innerhalb des Satzes, was man mit einem Bogen nach oben oder unten veranschaulichen kann.

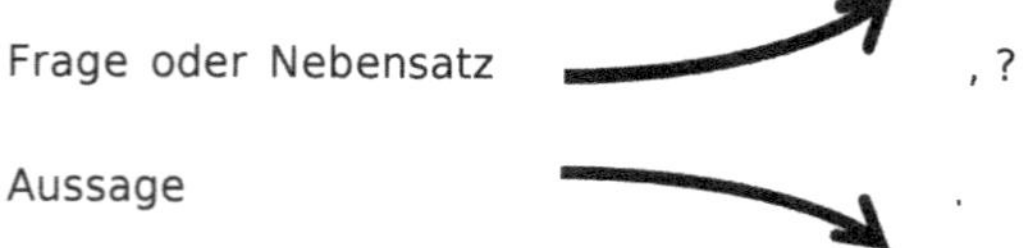

Das Einhalten dieser Regel unterscheidet den professionellen Sprecher von den Tausenden von Laien, die wir z.B. auf Youtube antreffen. Gesprochene Punkte, also das Absenken der Stimme am Ende des Satzes, gibt Ihrer Aussage Gewicht. Es wirkt sicher und seriös, während das fehlende Absenken der Stimme schnell aufgeregt und unsicher wirkt.

Vielleicht fragen Sie sich jetzt, ob das bei Ihnen selbst der Fall ist. Dies lässt sich ganz leicht prüfen, indem Sie Ihre eigene Stimme aufzeichnen, was mit jedem gängigen Smartphone möglich ist. Sprechen Sie einfach (in ganzen Sätzen) auf „Band“, was Sie am heutigen oder gestrigen Tag erlebt oder erledigt haben. Hören Sie sich die Aufnahme anschließend an. Hören Sie die Satzenden durch das Absenken der Stimme? Machen Sie ausreichend Pausen? Wie oft beenden Sie einen Satz? Wenn Sie feststellen, dass Sie auch am Satzende mit der Stimme oben bleiben und dadurch „Endlossätze“ entstehen, empfehle ich Ihnen, die Sprachaufnahme als Übung in Ihren Alltag einzubauen:

Übung Satzbogen

Sicher haben Sie eine To-do-Liste. Halten Sie in den nächsten zwei Wochen Ihre To-dos für den Folgetag als Sprachaufnahmen fest. Sprechen Sie ganze Sätze und achten Sie darauf, am Ende des Satzes die Stimme abzusenken und eine Pause zu machen. Hören Sie sich morgens Ihre Tagesliste an. So haben Sie einen Überblick über das, was am Tag ansteht und kontrollieren gleichzeitig Ihre Lernfortschritte.

Praxistipp Überzeugung

In der Indifferenzlage wirkt alles, was Sie sagen, glaubwürdiger und Sie schonen gleichzeitig Ihre Stimme. Sprechen Sie bewusst Punkte und machen Sie Pausen.

4.12 Das ist „sozusagen ähm“

Bisher haben wir uns hauptsächlich mit dem Stimmklang beschäftigt. In diesem Abschnitt geht es um Worte und Laute, die wir unbewusst von uns geben und die es dem Gesprächspartner manchmal schwer machen, uns zuzuhören. Man spricht hier von Füllworten oder Füllseln.

Füllsel

sind Laute, die wir in Sprechpausen unbewusst von uns geben und ungefähr klingen wie

- äh
- ähm
- eh
- mhm

Diese sind keineswegs zu verwechseln mit den Zustimmungslauten, die wir beim Zuhören von uns geben.[23] Füllsel signalisieren eher: Ich will etwas sagen, aber mir fehlen gerade die Worte.

Füllworte

sind eingeschobene Worte, welche zum Verständnis des Kontextes nicht notwendig sind, wie:

- sozusagen
- eigentlich
- freilich
- ich sag mal
- gewissermaßen
- also
- nämlich
- irgendwie
- normalerweise
- halt
- einfach
- nichtsdestotrotz

Das Verwenden von Füllseln und Füllworten in der Sprechsprache ist normal, und wenn diese in der Alltagskommunikation gänzlich fehlen, schafft das sogar Distanz und wirkt „überkontrolliert". Erst wenn sich Füllworte häufen, entsteht ein Problem. Mit anderen Worten: *Also ist es sozusagen gewissermaßen so, dass normalerweise oder halt* häufig *einfach irgendwie* zu viele Füllworte verwendet werden und das stört dann *nämlich*.

Auch das ständige Wiederholen eines Füllwortes oder Satzanfangs erzeugt starke Irritationen. Eine Bekannte von mir nutzt zum Beispiel seit Jahren sehr gerne das Wort *sozusagen*. Spätestens wenn das Wort in einem Gespräch zum fünften Mal fällt, spüre ich eine leichte Anspannung und unterdrücke den Impuls, sie zu unterbrechen oder etwas zu sagen, wie: „Jetzt konzentrier dich, komm zum Punkt!"

---

[23] Hierbei handelt es sich um die sogenannte Lautmalerei (vgl. Abschnitt 5.2.1)

Füllsel gehören laut Sprechwissenschaftlerin Judith Pietschmann von der Universität Halle ganz normal zu unserer Sprache.[24] Sie zeigen Denkpausen an oder bereiten stimmlich auf das Folgende vor. So können wir durch ein *ähhhm* vor einer Antwort zum Beispiel schon ankündigen, dass eine Antwort nicht im Sinne des Fragenden ausfallen wird. Folgt jedoch nach jedem Nebensatz ein *ähm*, fängt dieser Laut an, auch den geneigtesten Zuhörer zu nerven. Prominente wie Edmund Stoiber oder Boris Becker mussten hierfür viel Spott ertragen.

Äh ja, ich habe das Problem selber auch, ähm, aber ich kann mir das einfach nicht abgewöhnen – äh, im Gegenteil, wenn ich mich drauf konzentriere, äh, wie jetzt gerade, wird es noch schlimmer und nervt mich selber, äh ja ...

Sicher kennen Sie das Phänomen: Wenn jemand sagt: „Denke nicht an einen rosa Elefanten", passiert genau das: plötzlich denken Sie an einen rosa Elefanten.

Unser Gehirn hat Schwierigkeiten, Nicht-Anweisungen zu befolgen. Das macht das Nicht-Rauchen, das Nicht-so-viel-Süßigkeiten-Essen und das Nicht-ähm-Sagen so schwer.

Wir brauchen also positive Anweisungen für unser Gehirn. Mein Tipp: Sprechen Sie Punkte und erlauben Sie sich bewusst Pausen zwischen den Sätzen und Nebensätzen. Gerade Füllsel werden oft aus Verlegenheit statt einer Pause genutzt.

Als hilfreich hat sich folgendes erwiesen:

Statt sich selbst zu sagen:

> *Ich darf nicht ähm sagen*

Sprechen Sie sich innerlich besser zu mit:

> *Ich erlaube mir Sprechpausen zu machen.*

Oder:

> *Ich darf nach jedem Satz bewusst einen Punkt machen.*

---

[24] Judith Pietschmann: Optimierung von Gesprächen in der professionellen Telefonie (Schriften zur Sprechwissenschaft und Phonetik) 2017

Denn eine autoritäre Herangehensweise in Form von Verboten ist kaum erfolgversprechend. In der Schule hörte ich oft den Satz: „Erst denken, dann sprechen." Heute wissen wir, dass es unmöglich ist, in einem normalen Gespräch zuerst einen Satz gedanklich auszuformulieren und dann zu sprechen. Sprechen und denken laufen synchron. Was oft auf der Strecke bleibt, sind unsere Gefühle. Wir sprechen über eine Sache, sind aber mit unseren Gedanken und Gefühlen gar nicht wirklich bei der Sache.

Mein Tipp: Erleben Sie das, was Sie sagen. Damit meine ich, dass Sie sich das, was Sie erzählen, beim Sprechen auch selbst sinnlich vorstellen können.

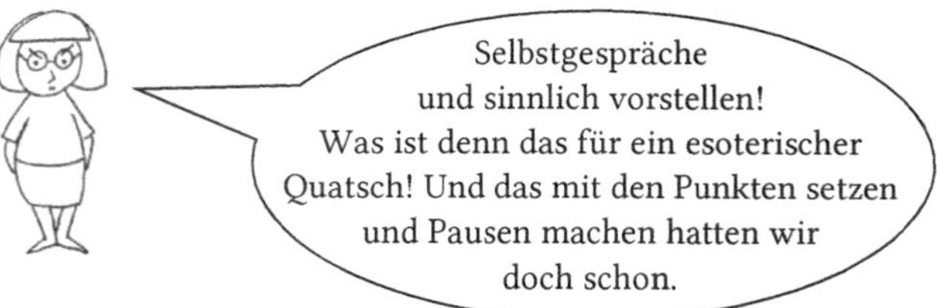

Da haben Sie gut aufgepasst, Frau Dr. Krittel. Tatsächlich hilft das *einen Punkt setzen* und das *Pausen machen* nicht nur dabei, überzeugender zu wirken[25], sondern Sie vermeiden damit auch gleichzeitig Füllsel.

Zum Thema Selbstgespräche: Auch wenn die meisten Menschen es nicht laut tun, so stehen wir doch in einem ständigen inneren Dialog. Um nach außen wirkungsvoll aufzutreten, ist es hilfreich, sich erst einmal um den inneren Dialog zu kümmern. Dabei sollten Sie zu sich selbst genauso freundlich und positiv kommunizieren wie Sie das mit Ihren Geschäftspartnern und Kunden tun.

Bei der inneren sinnlichen Vorstellung geht es darum, dass Sie selbst wirklich bei der Sache sind. Dass Sie z.B. innere Bilder entwickeln beim Sprechen. Sicher kennen Sie das, wenn Sie einen Weg beschreiben. Das klappt am besten, wenn Sie sich diesen Weg auch selbst vorstellen und ihn quasi beim Sprechen selbst gehen oder fahren.

---

[25] Vgl. Abschnitt 4.11: Überzeugend sprechen

5 Telefonknigge: Der gute Ton am Telefon

Es gibt einige Verhaltensweisen, die Sie am Telefon unbedingt vermeiden sollten. Früher sprach man beim Einhalten von solchen Verhaltensregeln von guten Manieren. Oft höre ich auch von Seminarteilnehmern Sätze wie „dass man halt auch wissen müsse, was sich gehört." Ursprünglich stammen diese Benimmregeln aus den Adelshäusern und wurden vom Bürgertum übernommen. Der „Knigge" steht für das 1788 erschienene Werk „Über den Umgang mit Menschen", des bekannten Adolph Freiherrn von Knigge. Sein Ziel war es, das zwischenmenschliche Zusammenleben und die Kommunikation zwischen verschiedenen Charakteren zu vereinfachen. Es ging also schon damals und geht auch heute weniger um das förmliche Verhalten als solches, sondern um den echten respektvollen Umgang miteinander, der zu Vertrauen führt.

Doch das ist gar nicht so einfach. Am Telefon hört der Kunde uns. Er hört unsere Stimme und Hintergrundgeräusche. Doch wie er dies interpretiert, kann ja durchaus unterschiedlich sein. Sind denn da „Verhaltensregeln" noch zeitgemäß? Als Mitarbeiter oder Selbstständiger repräsentieren Sie Ihre Marke und sprechen auch eine bestimmte Zielgruppe an. Dementsprechend können auch die Verhaltensregeln am Telefon unterschiedlich sein.

5.1 Regeln oder Haltung?

Ich bin überzeugt, es geht deshalb bei den Fragen um das Verhalten am Telefon in erster Linie um eine innere Klarheit, die bewusste Wahl einer Haltung und eine alltägliche Selbstführung. Wenn Sie dieses Buch als Führungskraft lesen, dann dürfen Sie die folgenden Zeilen aber auch gerne als Anregungen zur Führung von außen nehmen!

Wenn Sie sich bei einer Verhaltensweise nicht sicher sind, ob diese von guten Manieren zeugt, empfehle ich folgende Leitfragen:

- Repräsentiert mein Verhalten eine positive Haltung meinen Kunden gegenüber?
- Zeigt mein Verhalten eine positive Haltung zu meiner Arbeit und meinem Arbeitgeber?
- Was sagt diese Verhaltensweise über unsere Unternehmenskultur aus?
- Zeugt mein Verhalten von Respekt (mir selbst und dem Kunden gegenüber)?
- Welche Wirkung könnte mein Verhalten auf meine Kunden haben?

Ok, ich gebe zu, das klingt sehr abstrakt. Darum möchte ich Ihnen gerne ganz konkrete Beispiele aus meinem Telefontrainerleben geben, anhand derer Sie diese Gedanken nachvollziehen können.

Als Telefontrainerin sehe ich die Seite, die Kunden nur hören. Und dabei habe ich schon die absonderlichsten Situationen erlebt.

- **Kaugummi kauen, Bonbon lutschen oder gleich das große Buffet auf dem Tisch**

Essen am Arbeitsplatz? Darüber gibt es endlose Diskussionen und ja, natürlich verstehe ich, dass ein wenig Nervennahrung zwischendurch guttut. Wenn der Blutzuckerspiegel im Keller ist, lässt es sich nicht gut arbeiten. Ob jedoch das ununterbrochene Essen eine Lösung ist und nicht erst den schnellen rapiden Blutzuckerabfall bewirkt, müsste wohl ein Ernährungsberater klären. „Mit vollem Munde spricht man nicht“ pflegte meine Mutter zu sagen. Lutsch-, Schmatz- und Kaugeräusche am Telefon sind vielleicht bei Telefonaten im Familienkreis oder mit Freunden verkraftbar (zumindest, wenn zuvor nachgefragt wurde: „Entschuldige, macht es Dir etwas aus, wenn ich während des Gesprächs ein Brötchen esse, ich habe wahnsinnigen Hunger und muss gleich wieder aus dem Haus?“). Im Businesskontext sind diese Geräusche ein absolutes Tabu!

- **Beim Telefonieren Zeitung lesen, im Internet surfen oder Computerspiele zur Ablenkung**

Zugegeben, manche Aufgaben sind einfach monoton und wenig herausfordernd. Vielleicht haben Sie den Eindruck, dass Sie immer wieder die gleichen Routinen ausüben, oder dass es dem Kunden eh nur darum geht, sich mal auszusprechen.

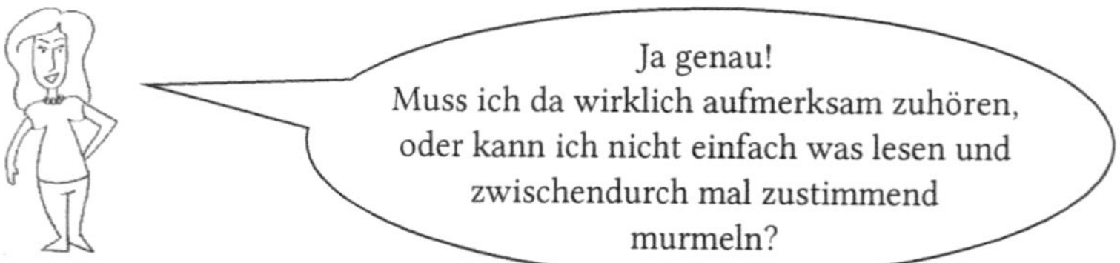

Nein, das reicht nicht. Der, der den Anderen missachtet oder austrickst, trickst sich im Endeffekt selbst aus. Sie geben vor, etwas zu sein, was Sie nicht sind. Mit der Zeit machen Sie es sich zur Gewohnheit so zu tun, als wären Sie präsent, lenken sich aber ab. Glauben Sie mir: Die meisten Gesprächspartner merken das UND: Sie betrügen in erster Linie sich selbst. Nach einem Tag halbherzigem Kundenservice geht niemand zufrieden oder gar stolz auf sein

Tagewerk nach Hause. Nein, ich möchte Ihnen hier nicht ins Gewissen reden, aber denken Sie in erster Linie für sich selbst und Ihre eigene Gesundheit darüber nach, ob Sie die richtige Arbeit tun, wenn Sie sie nicht ohne Ablenkung ertragen. Übrigens war das unglaublichste Erlebnis, das ich in diesem Zusammenhang hatte, ein Mitarbeiter eines IT-Supports, der während des Kundentelefonates Egoshooter spielte. Ja, Sie lesen richtig. Es geht um diese Computerspiele, bei denen der Spieler in einer dreidimensionalen Spielwelt agiert und mit Schusswaffen Gegner tötet. Ich komme also zu einem Training-on-the-Job, setze mich neben einen Mitarbeiter, der telefonischen IT-Support für Kunden leistet und erlebe, dass er, während er einen Kunden unterstützt, mit seinem Rechner online zu kommen, virtuell unzählige Gegner in düsteren Welten verfolgt und erschießt. Darauf angesprochen erwidert er, dass ihn dies entspanne. Beim anschließenden Reflexionsgespräch gestand mir der Mitarbeiter, dass er seinen Job hasse, dass ihm die Kunden unglaublich auf den Keks gingen und dass er nur noch nicht die Energie gehabt hätte, sich nach was Neuem umzuschauen.

- **Grimassen schneiden oder Lästern vor und nach dem Telefonat**

Der entnervte Blick nach oben, mit der Hand einen Scheibenwischer machen, den Vogel zeigen oder gar auf die Stumm-Taste drücken und mal kurz schimpfen? In diesem Moment fühlt sich das vielleicht an wie Notwehr. Da greift mich jemand an und ich darf mich nicht laut wehren. Meine Notwehr geschieht also so, dass der Kunde es nicht merkt, aber meine Kolleginnen und Kollegen mir Aufmerksamkeit, Mitgefühl und Solidarität schenken. Das geht auch schon beim Erkennen der Rufnummer vor dem Abheben des Hörers „Oh nee, nicht der/die Meier schon wieder!“ Damit habe ich die gesamte Aufmerksamkeit bei mir und bin die Heldin der nächsten 15 Minuten. Danach wird gefragt: „und?“ und ich kann mich noch mal richtig darüber auslassen, wie dumm oder gemein die besagte Person wieder war. Was entsteht, ist ein tolles Teamgefühl. Beim nächsten Mal ist dann vielleicht ein anderer Kollege dran, sich Solidarität einzuholen, und so lassen wir uns über die anrufenden Kunden, Kollegen und Geschäftspartner aus. Es entsteht eine wunderbare Teamsolidarität – wir, die Guten – und auf der anderen Seite: die Anderen. Was dabei verloren geht, ist echte Kommunikation mit den besagten Anderen. Glauben Sie nicht, dass die Anrufer nicht merken würden, dass sie nicht willkommen sind.

Nebenbei verlieren Sie auch noch viel Arbeitszeit und Vertrauen. Warum Vertrauen? Wenn sich eine solche Kommunikationsstruktur etabliert hat und Sie immer wieder erleben, wie Kollegen schlecht über andere sprechen, dann können Sie sich sicher sein, dass früher oder später auch Sie selbst dran sind. Wer immer nur mit dem Finger auf Andere zeigt anstatt das eigene Verhalten zu reflektieren, macht auch vor dem lieben Kollegen nicht halt.

Spätestens, wenn es darum geht, Schuldige für lange Bearbeitungszeiten, Fehler oder Beschwerden zu finden, ist garantiert der Kollege schuld. Und Fehler und Beschwerden sind in dieser Kultur sicher. Steigen Sie aus solchen ungesunden Spielen aus. Natürlich gibt es manchmal Kollegen, Kunden und Geschäftspartner, deren Verhalten uns herausfordert. Aber sehen Sie es dann genau so: Es ist eine Herausforderung, an der Sie wachsen können – aber nur, wenn Sie sie diese offen annehmen!

- **Hintergrundbeschallung**

Freude bei der Arbeit – da spricht prinzipiell nichts dagegen. Aber muss der Kunde Ihren Musikgeschmack teilen, wenn er anruft? Je nach Lautstärke passt sich das Team auch stimmlich an. Vor kurzem hörte ich bei meiner Arbeit folgenden Satz: „Haben Sie etwas zu feiern?“, fragte ein Kunde. Ein anderer wurde direkt deutlicher: „Können Sie das Gedudel im Hintergrund mal ausstellen?“

Tatsächlich gibt es Untersuchungen, die bestätigen, dass leise Hintergrundmusik die Produktivität steigern soll. Hier gibt es jedoch einige Hürden zu nehmen. Erstens sollte die Musik tatsächlich so leise sein, dass nur Sie und nicht der Kunde sie hört, zweitens lässt man sich leicht durch Wortbeiträge und Texte ablenken (am besten eignet sich also Instrumentalmusik). Und last but not least: Wirklich jede Person im Arbeitsraum sollte der Musikregelung zustimmen und den Musikgeschmack teilen, denn was für den einen stimmungsaufhellend und motivierend wirkt, ist für den anderen anstrengendes Gedudel, das man nur den Kollegen zuliebe erträgt.

- **Rauchen**

Inzwischen wurde das Rauchen aus dem Geschäftsleben fast vollständig verbannt. Für jene Raucher, die noch über ein Büro mit Aschenbecher verfügen oder die bei der Arbeit dampfen, ein wichtiger Hinweis: Raucher untereinander mag es nicht stören, für Nichtraucher sind die Sauggeräusche befremdlich. Also vor dem Telefonat: Zigarette aus bzw. E-Zigarette beiseite.

Die Haltung von Führungskräften ist oft: „Solange die ihren Job machen, ist mir das egal. Der Kunde sieht das ja nicht, und wenn es für die Stimmung im Team gut ist, warum nicht?“ Meine Standarderwiderung ist: Gehen Sie davon aus: der Kunde hört alles. Stellen Sie sich einfach vor, es würden jeden Tag drei Ihrer wichtigsten Kunden durch diese Räume gehen, und richten Sie sie dementsprechend ein. Ja, Sie haben recht, ich übertreibe etwas – doch so treffe ich genau den Kern: Es gibt keine vorgetäuschte Haltung. Wenn ich ein wichtiges Kundentelefonat führe, dann tue ich das auch im Homeoffice nicht im Schlafanzug.

5.2 Zuhören ist mehr als einfach schweigen

Wenn Sie nach der Überschrift jedoch vermuten, dass das Schweigen keine Rolle spiele beim Zuhören, so muss ich direkt widersprechen! Manche Menschen haben zu allem eine Meinung und tun diese auch direkt kund, sobald das Gegenüber etwas gesagt hat. Oft reagieren sie dabei bereits auf Stichworte. Der Gedanke des Anderen ist noch gar nicht ganz erfasst worden und schon kommt ein eigener Beitrag. So dienen wir uns in Alltagsgesprächen oder im Business-Smalltalk gegenseitig oft nur als Stichwortgeber und jeder gibt zu einem Thema kurz sein Bestes.

Auch bei täglichen Business-Telefonaten passiert es uns, dass wir denken, ach ja das kenne ich, und sofort etwas zum Besten geben könnten. Ich empfehle dann, an den bekannten Ausspruch des Kabarettisten Dieter Nuhr zu denken:

„Wenn man keine Ahnung hat – einfach mal Fr... halten."

Das ist natürlich sehr drastisch ausgedrückt, trifft aber einen wichtigen Kern des Themas Zuhören. Wenn wir etwas verstehen möchten, dann braucht das Zeit – nicht nur Zeit für das Aufschnappen eines Stichworts, das wir dann weiterverarbeiten, sondern auch Konzentration darauf, was der Andere genau meint und Empathie, um zu erfassen, was das für den Anderen bedeutet.

Wenn wir Telefongespräche dazu nutzen möchten, dass wir einen echten Mehrwert schaffen und nicht nur schnelle Standardlösungen vermitteln möchten, dann ist aufmerksames, einfühlsames Zuhören unerlässlich.

Nun mögen Sie mir widersprechen, da es bei hoher Arbeitsbelastung oft gar nicht möglich scheint, wirklich jedem zuzuhören. Ich erinnere mich selbst an eine Situation im Kundenservicecenter eines Telefonanbieters, als aufgrund einer Internet-Störung Tausende von Anrufen von irritierten Kunden eingingen, da sie nicht wussten, warum ihr Internet ausgefallen ist. Ja, es gibt sie sicher, diese Ausnahmesituationen und professionelle Dienstleister reagieren darauf schon lange mit automatischen Ansagen, die den Kunden vorab über einen bestimmten Sachverhalt informieren, bevor dieser entscheiden kann, ob er sich trotzdem in eine Warteschleife begibt, um sein Anliegen individuell mit einem Mitarbeiter zu besprechen.

Wir verwechseln diese Ausnahmesituationen jedoch oft mit Standardsituationen, also mit Situationen, die nur für uns selbst und nicht für den Gesprächspartner Standard sind. Dazu eine kleine Geschichte:

Vor einiger Zeit war ich im Coaching-Gespräch mit einer Mitarbeiterin eines Online-Shops für technische Kleinteile. Die Mitarbeiterin nahm Kundentelefonate an, beantwortete Fragen zu Produkten und gab Entscheidungshilfen bei der Auswahl. Häufig riefen Kunden an, die nicht sicher waren, welches Produkt für sie das richtige ist, woraus Beratungssituationen entstanden.

Die Mitarbeiterin, nennen wir sie Frau Schnell, beklagte sich. Obwohl sie zwar wie aus der Pistole geschossen das passende Produkt empfehle, seien die Kunden oft unentschieden und es entstünden oft lange Gespräche. Ärgerlicherweise entschieden sich die Kunden am Ende dann doch für das zu Beginn empfohlene Produkt. „Diese Rumdiskutiererei würde ich mir wirklich gerne sparen", beschwerte sich Frau Schnell.

Ich kann bestätigen, dass es sich bei dieser Frau um eine erfahrene Fachfrau handelt, die darüber hinaus noch über eine außerordentliche Auffassungsgabe verfügt. „Ich weiß in 90 % der Fälle schon nach den ersten Worten des Anrufers, was er braucht", aber sobald ich meine Empfehlung ausspreche, höre ich vom Kunden immer ein „ja, aber ...", klagte sie. Ich lud Frau Schnell daraufhin zu einem einwöchigen Experiment ein. Dabei sollte sie immer, wenn die Situation der Produktempfehlung entstehe, ihre Lösung einfach kurz zurückhalten, und bevor sie ihre Empfehlung gebe, eine bewusste Pause machen. Nach dem Experiment vereinbarten wir einen Folgetermin. Zu Frau Schnells Überraschung veränderte sich das Verhalten ihrer Kunden – diese waren jetzt deutlich häufiger geneigt, ihrer ersten Empfehlung direkt zu folgen. Leicht errötend erzählte sie mir, dass ihre Führungskraft sie angesprochen hätte, wie das sein könnte, dass ihre Gesprächszeiten sich so stark verkürzt hätten. „Ich glaube, die Kunden fühlen sich mit ihrem Anliegen mehr gewürdigt und haben das Gefühl, dass ich über das, was sie brauchen, wirklich nachdenke", reflektierte Frau Schnell.

Damit hat Frau Schnell meiner Meinung nach den Nagel auf den Kopf getroffen. Versetzen wir uns in die Lage eines Anrufers. Er hat ein Problem und dieses Problem beschäftigt ihn so stark, dass er zum Hörer greift und es mit uns lösen möchte. Vielleicht hat er im Vorfeld selbst schon eine ganze Weile versucht, es zu lösen.

Aus unserer Perspektive erscheint es so, als brauche der Andere einfach nur eine schnelle Lösung. Um ihm aber wirklich gerecht zu werden, gilt es auch das Problem des anderen und dessen erfolgloses Bemühen um eine eigene Lösung wertzuschätzen. Eine zu schnelle Antwort kann deshalb auch einen Widerstand hervorrufen im Sinne von: Wenn das so einfach wäre, hätte ich auch selbst draufkommen können. Und es folgt eine weitere Erläuterung des Problems, die uns bewusst machen soll, dass es eben kein 08/15-Problem, sondern ein ganz besonderes Problem ist.

Nutzen Sie Ihren Gesprächspartner nicht als Stichwortgeber für eigene Redebeiträge und die Zeit, in der er spricht, nur als Vorbereitungszeit für Ihren nächsten Gesprächsbeitrag. Bemühen Sie sich vielmehr, den Gesprächspartner wirklich zu verstehen. Dies ist tatsächlich viel schwerer, als es sich anhört. Wirkliches Verstehen ist mehr als nur den Sinn des Gesagten zu erfassen. Sie müssen sich vielmehr so weit wie möglich in seine Lage versetzen können. Dazu müssen Sie so viel Informationen wie möglich sammeln. Lassen Sie den Gesprächspartner vor allen Dingen ausreden und unterbrechen Sie ihn nicht. Auch sollten Sie in der Lage sein, Pausen Ihres Gesprächspartners auszuhalten und Ablenkungen von außen zu vermeiden.

5.2.1 Lautmalerei und Bestätigungsworte

Doch wer denkt, dass am Telefon beim Zuhören tatsächlich absolute Stille auf Seiten des Zuhörers herrschen muss, der irrt gewaltig. Stille am anderen Ende der Leitung erzeugt bei uns schnell eine Irritation. „Sind Sie noch dran?“ ist eine Kundenfrage, die ich bei meinen Telefontrainings-on-the-Job oft gehört habe.

Auch wenn wir nicht sprechen: Das Zuhören ist am Telefon nicht lautlos, sondern hörbar. Wir sprechen von Lautmalerei, wenn es um die Geräusche geht, die Menschen meist unbewusst automatisch beim Zuhören machen:

Ein zustimmendes *Mhm*,

ein überraschtes *oh, aha* oder *ah,*

ein mitfühlendes *oh je!*

signalisieren dem Sprecher: der andere ist da und hört mir zu.

Lautmalerei ersetzt so die Körpersprache und Mimik bei der direkten Kommunikation. Während der Gesprächspartner unser Interesse bei der direkten Kommunikation an unserer Körperhaltung, am Blickkontakt und unserem Gesichtsausdruck abliest, hört er unsere Aufmerksamkeit anhand dieser kleinen Verstärker. Im Umkehrschluss: Mit einem stereotypen Stakkato-„hm“ kann das nicht gelingen.

Neben der Lautmalerei gibt es noch die Worte der Zustimmung. Diese Bestätigungsworte ersetzen das Nicken und unterstützen den Anderen beim Sprechen.

Hier einige Beispiele:

- ok
- ja
- gut
- gerne
- genau
- richtig
- stimmt
- korrekt
- exakt
- absolut
- verstehe
- wunderbar
- klasse
- prima
- herrlich

Lautmalerei und Bestätigungsworte unterstützen aktiv die Beziehungsebene. Wichtig ist, dass diese Elemente des aktiven Zuhörens abwechslungsreich und stimmig eingesetzt werden. Ein monotones *„ok“*, wirkt nicht wirklich überzeugend auf den Kunden.

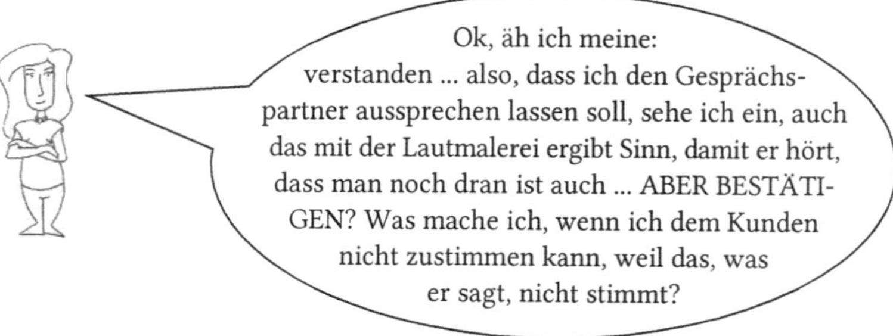

Bestätigungsworte dienen nicht nur der Zustimmung. Durch Bestätigungsworte zeige ich, dass ich den anderen verstehe und sichere damit die Beziehungsseite.

Um das differenziert auszudrücken, wenn ich nicht der Meinung des Kunden bin, kann ich beim Zuhören Formulierungen nutzen wie

„Ah ja, ich verstehe, was Sie meinen“

Das ist **nicht** gleichbedeutend mit:

„Sie haben recht“

und sichert trotzdem ein gutes Gesprächsfundament.

5.2.2 Aktiv zuhören

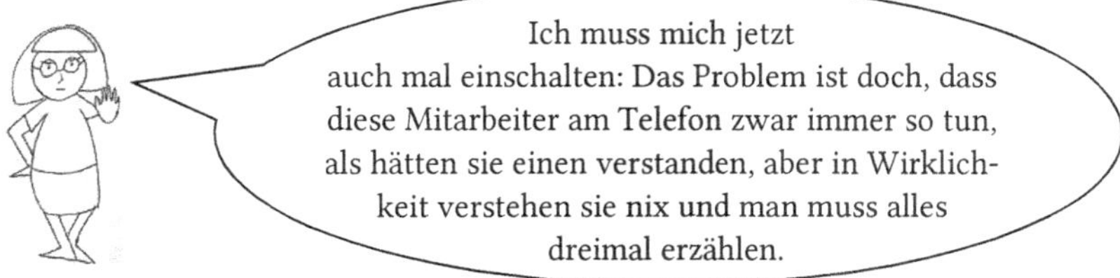

Vielen Dank, Dr. Krittel, da sprechen Sie einen ganz wichtigen Punkt an:

Spätestens wenn ein Kunde den gleichen Sachverhalt immer wieder erzählt, ist dies ein Zeichen dafür, dass er den Eindruck hat, nicht verstanden zu werden.

Im Grunde kann man diesem Kunden dankbar sein, dass er so hartnäckig ist. Viele Kunden zeigen gar nicht, dass sie sich nicht sicher sind, ob sie richtig verstanden wurden. Sie haben zwar das Gefühl, nicht verstanden zu werden, ergeben sich aber ihrem Schicksal und legen dann mit einem Gefühl der Unsicherheit auf.

Die Lösung lautet: aktives Zuhören. Das Modell des aktiven Zuhörens wurde von Thomas Gordon, einem amerikanischen Psychologen, in den 60er-Jahren entwickelt.[26]

Dass jemand mich verstanden hat, erkenne ich am leichtesten daran, dass er meine Inhalte in eigenen Worten wiedergibt. Man spricht auch von Paraphrasieren. Ich plappere also nicht nach, was der andere sagt, sondern gebe wieder, was er gemeint hat. Aktives Zuhören ist mehr als eine Technik. Es ist eine Grundeinstellung: Es nimmt den Kunden als Gesprächspartner ernst und ist Voraussetzung für einen guten Dialog. Deshalb findet es sich idealerweise als *Aufgreifen des Anliegens* in jedem Gespräch als Standard wieder.[27]

Praxistipp

Lassen Sie sich auf Ihren Gesprächspartner ein.
Begegnen Sie dem Anderen in einer Haltung von echtem Interesse.
Halten Sie eigene Bewertungen, Ideen und Lösungen erst einmal zurück.

Wenn Sie an das Eisbergmodell[28] denken, schaffen wir es mit dem Paraphrasieren, die Sachebene zu spiegeln. Aktives Zuhören kann noch viel mehr: Versuchen Sie ruhig auch die Gefühle, die Ihnen Ihr Gegenüber mitgeteilt hat, anzusprechen. Diese Form des Spiegelns nennt sich **Verbalisieren**. Sie sprechen etwas aus, was der andere gar nicht gesagt hat, was Sie aber zwischen den Zeilen hören.

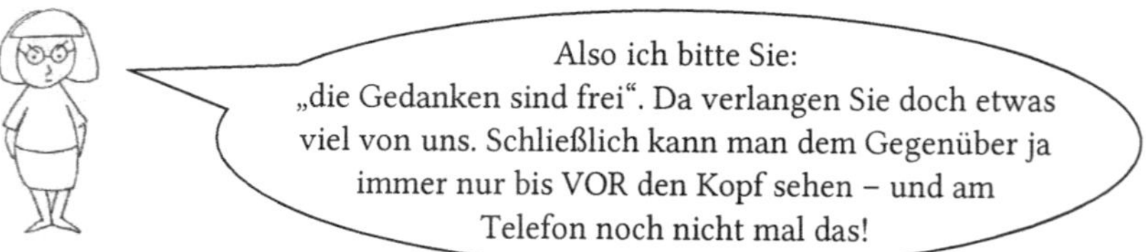

Das stimmt natürlich, Frau Dr. Krittel, doch dank unserer angeborenen Fähigkeit zum Mit-

---

[26] Nachzulesen in Thomas Gordon: Das Gordon-Modell: Anleitung für ein harmonisches Leben: Eine Einführung 1998

[27] Vgl. 7.1.3: Das Anliegen des Kunden aufgreifen

[28] Vgl. Abschnitt 4.2.1: Der dicke Sockel des Eisbergs

gefühl[29] haben wir doch oft eine gute Ahnung davon, was der andere fühlen oder denken könnte. Und diese manchmal vorsichtig auszusprechen, verbessert die Kommunikation wesentlich.

Dazu eine kleine Geschichte:[30]

Ein Mann, der die andauernden Streitigkeiten mit seiner Frau nicht länger ertragen konnte, bat einen Meister um Rat: „Kaum macht einer von uns den Mund auf, unterbricht ihn der andere schon. Ein Wort, dann haben wir gleich wieder Streit miteinander, und jeder von uns ist mürrisch und schlecht gelaunt“, sagte der Mann. Dabei lieben wir uns doch, aber so kann es nicht weitergehen. Ich weiß einfach nicht mehr, was ich machen soll.“ „Du musst lernen, deiner Frau zuzuhören“, sagte der Meister. „Und wenn du sicher bist, dass du diese Regel beherrscht, dann komm wieder zu mir.“ Nach drei Monaten sprach der Mann wieder beim Meister vor und erklärte, er habe jetzt gelernt, auf jedes Wort, das seine Frau sagt zu hören. „Gut“, sagte der Meister mit einem Lächeln. „Wenn du in einer glücklichen Ehe leben willst, musst du jetzt noch lernen, auf jedes Wort zu hören, das sie *nicht* sagt.“

Verbalisieren sollte immer vorsichtig (keinesfalls unterstellenden) geschehen. Gefühle und Wünsche des Kunden sollten also nicht wertend oder als Angriff formuliert werden:

„Jetzt regen Sie sich mal nicht gleich so auf!“

bloß nicht!

„Sie sind jetzt beleidigt, dass Sie so lange warten mussten und deshalb ...“

„Sie wollen doch nur eine Gutschrift.“

Hier werden zwar Gefühle oder unausgesprochene Wünsche des Kunden verbalisiert, der Kunde wird aber gleichzeitig abgewertet. Am ehesten bekannt ist uns das Prinzip des Verbalisierens aus dem Trösten. Wenn ein Kind stürzt und weint, sagt die Mutter: „Oh je, das hat sicher sehr wehgetan.“ Oder wenn ein Freund ein Ziel nicht erreicht hat: „Ach das tut mir leid, da bist Du wahrscheinlich enttäuscht.“

---

[29] Vgl. Abschnitt 4.2: Durch unsere Spiegelneuronen verstehen wir intuitiv, was in unserem Gegenüber vorgehen könnte.

[30] Herbert Lechleitner https://wize.life/schwarzes-brett/notiz/554ef4c4f661f75e298b45af/per soenliches/ Abruf: 2.1.2019

Im Businesskontext kann das zum Beispiel folgendermaßen klingen:

„Ich höre da eine gewissen Enttäuschung heraus (?)"

„Das hört sich für mich an, als ob … (?)"

„So ein Ärger, ich kann mir gut vorstellen, dass Sie ziemlich frustriert waren … (?)"

„Sie hätten sich da mehr Service gewünscht (?)"

Ihr Ziel soll eine offene und von gegenseitigem Misstrauen freie Kommunikation sein.

Hier zum Abschluss eine Zusammenfassung anhand eines Schaubilds:

Stufe 1: Aufmerksam zuhören, ohne zu unterbrechen

Stufe 2: Lautmalerei und Bestätigungsworte einsetzen

Stufe 3: Paraphrasieren und Nachfragen

Stufe 4: Verbalisieren von unausgesprochenen Gefühlen und Wünschen

Stufen des aktiven Zuhörens

Praxistipp

Aktives Zuhören ist kein Trick und keine Manipulationstechnik.

Die Kommunikation verbessert sich nur dadurch, dass Sie den Gesprächspartner tatsächlich verstehen wollen.

5.3 (Schwierige) Sachverhalte kundenorientiert formulieren

Neben Ihrer Stimme sind es Ihre Formulierungen, an denen ein Kunde sofort hört, mit welcher Einstellung Sie Ihre Arbeit tun. Ihre Formulierungen geben Auskunft darüber:

[1] Was Sie vom Kunden halten

[2] In welcher Position Sie sich selbst erleben

[3] Wie Sie über Ihr Unternehmen, Ihre Kollegen, Ihre Produkte und Leistungen denken

Hier ein kleiner Test: Welche Auskunft könnte ein Kunde folgenden Worten entnehmen?

„Das Problem ist, dass Sie eigentlich bei mir vollkommen falsch sind. Ich bin da nicht zuständig, aber der Kollege, der das normalerweise bearbeitet, ist langzeiterkrankt. Sie müssen verstehen, dass ..."

Hier eine mögliche Interpretation:

Zu 1.: Der Kunde hat den Eindruck, unerwünscht zu sein. Er stört und „muss" dafür auch noch Verständnis aufbringen.

Zu 2.: Der Mitarbeiter ist vollkommen überlastet.

Zu 3.: Das Unternehmen ist schlecht organisiert und schindet seine Arbeitskräfte, die entweder langzeitkrank sind oder kurz vor dem Burnout stehen.

Worte erzeugen in uns eine körperliche Resonanz. Die meisten Menschen fangen zum Beispiel an zu lächeln, wenn ich sie auffordere, dreimal das Wort *Urlaub* zu sagen. Genauso finden es die meisten Menschen unangenehm, dreimal das Wort *Magenschmerzen* laut auszusprechen.

Das hängt natürlich damit zusammen, dass die meisten Menschen mit Urlaub positive Erinnerungen verbinden, während Magenschmerzen allgemein negative Erfahrungen wachrufen.

Bei vielen anderen Worten ist die Resonanz recht individuell. Vor kurzem hatte ich z.B. eine Teilnehmerin, die stark auf eine umgangssprachliche Formulierung, nämlich: „das macht Sinn" reagierte. „Richtig muss es heißen das *ergibt* Sinn." erklärte sie genervt, womit sie natürlich Recht hat. Interessanterweise war niemandem in unserer Gruppe ansonsten überhaupt aufgefallen, dass diese Formulierung verwendet worden war – nicht einmal der Person, die diese ausgesprochen hatte.

Aus zwei Gründen ist es also gar nicht so einfach, „reizfrei" zu formulieren:

[1] Weil wir gar nicht wissen, worauf was unser Gegenüber gereizt reagiert (wenn er oder sie uns nicht freundlicherweise Feedback gibt) und

[2] Weil uns oft gar nicht bewusst ist, welche Worte wir verwenden.

Da es Worte und Formulierungen gibt, auf die fast alle Menschen „gereizt" reagieren, ergibt es jedoch Sinn, sich diese bewusst zu machen. Reizworte sind in diesem Sinne Worte, die wir aus unserer Kindheit kennen, als wir uns in einem niedrigen Status gegenüber von Eltern und anderen Autoritätspersonen befunden haben. Diese Worte katapultieren uns (vor allem an „schlechten Tagen") direkt wieder in den Zustand dieses Kindes. Das möchte natürlich niemand gerne. Daher reagieren wir oft mit den alten Mustern: Entweder brav und angepasst (mit einem hilflosen Gefühl) oder aufgebracht „trotzig".

Hier einige Beispiele für solche Reizworte:

Reizformulierung	provozierte Kundenreaktion
Sie müssen ...	Ich muss gar nichts!
Sie dürfen nicht ...	Das werden wir noch sehen!
Sie können nicht einfach ...	Und ob ich kann!
Nein!	Und ob!
Überlegen Sie sich das – das wird teuer!	Sehe ich so aus, als könnte ich mir das nicht leisten?

Es gibt aber auch die Formulierungen, mit denen Sie sich selbst in eine unterlegene Kindheitsposition rücken und Ihren Kunden gegebenenfalls in die Rolle der Autoritätsperson bringen.

Hier einige Beispiele für solche Reizformulierungen:

Reizformulierung	provozierte Kundenreaktion
Ich muss erst ...	Ja dann machen Sie schon!
Ich darf nicht ...	Können Sie mir mal jemanden Kompetenten geben?

Ich kann (noch) nicht ... Ich bin neu hier. Ich weiß leider nicht ...	Können oder wissen Sie überhaupt was?
Könnten Sie vielleicht eventuell, bestünde da von Ihrer Seite gegebenenfalls die Möglichkeit.	Geben Sie mir doch einfach mal Ihren Vorgesetzten.

Auch Ihre Produkte, Leistungen und das Unternehmen können Sie mit Reizformulierungen schnell schlecht aussehen lassen:

Reizformulierung	provozierte Kundenreaktion
Da bin ich nicht zuständig.	Da bekomme ich Zustände bei so einem Beamtenladen!
Da können wir nichts machen – das haben die da oben so entschieden.	Der Fisch stinkt immer zuerst am Kopf – und dieses Unternehmen stinkt mir gewaltig.
Das dürfen wir nicht entscheiden, das muss immer zuerst ...	Was für ein schwerfälliger Laden.
Tut mir leid, wir haben im Moment einen sehr hohen Krankenstand. In dem Bereich haben gerade drei Mitarbeiter gekündigt.	Scheint ja nicht ein so toller Arbeitgeber zu sein.

Mit einer kundenorientierten Formulierung ...

- ... zeigen Sie sich partnerschaftlich auf Augenhöhe mit dem Kunden.
- ... lassen Sie niemanden schlecht aussehen und suchen Sie keinen Schuldigen.
- ... zeigen Sie Loyalität zu Ihrem Unternehmen und den Kollegen
- ... blicken Sie lösungsorientiert in die Zukunft und zeigen Sie Möglichkeiten statt Grenzen auf.

Hier einige Beispiele zur Verdeutlichung:

Partnerschaftlich: weder mich selbst noch den Kunden oder Kollegen schlecht aussehen lassen:

Statt:	Besser:
Dafür bin ich nicht zuständig. Das darf ich nicht. Das kann ich (noch) nicht.	Das macht Herr / Frau X, unser Experte für Sie
Das stimmt nicht. Sie irren sich. Das haben Sie falsch verstanden. Das haben wir noch nie so gemacht.	Lassen Sie uns den Sachverhalt noch einmal gemeinsam prüfen.
Das hat mein Kollege falsch eingetragen.	Ich korrigiere das direkt für Sie.

Lösungsorientiert in die Zukunft blicken – Möglichkeiten statt Grenzen aufzeigen

Statt:	Besser:
Das geht nicht. Das ist nicht vorgesehen. Das machen wir prinzipiell nicht.	Was ich Ihnen anbieten kann, ist ...
Das ist ein Problem.	Ich bin sicher, wir finden eine Lösung.

Es geht hier nicht darum, etwas „schönzufärben", sondern darum, mit einem guten Gefühl schneller gemeinsam zu einer Lösung zu kommen.

6 Die vier Phasen des Telefonates

Eine einheitliche Struktur?
Das geht doch gar nicht – je nachdem wer wegen was anruft, laufen die Telefonate doch vollkommen unterschiedlich!

Bei einem Privattelefonat beschränkt sich die Struktur oft nur darauf, dass der Anrufer nach der Begrüßung seinen Anrufgrund nennt, und am Ende erfolgt beiderseits ein Abschiedsgruß. Also:

1. Begrüßung und Anliegen
2. Verabschiedung

Zwischen 1. und 2. schweifen wir intuitiv von Thema zu Thema. Dementsprechend dauert ein Telefonat, je nachdem wie mittteilungsbedürftig die Telefonierenden sind, länger oder kürzer.

Natürlich sollen Sie auch Ihre Businessgespräche weiter individuell führen. Eine Struktur soll keineswegs eine Fessel sein. Sie hilft Ihnen jedoch Zeit zu sparen, nicht abzuschweifen und am Ende verbindliche Absprachen treffen zu können.

Im Folgenden stelle ich Ihnen das 4-Phasenmodell vor, das sich als Grundorientierung bewährt hat. Dabei gibt es zwischen Phase 1 (Begrüßung und Anliegen) und Phase 4 (Verabschiedung) noch 2 weitere Phasen. Innerhalb der 4 Phasen gibt es bestimmte Standards. Über diese erfahren Sie mehr in Kapitel 7.

6.1 Phase 1: Freundlich Klarheit schaffen

Natürlich steigen Sie in ein Gespräch unterschiedlich ein, je nachdem ob Sie angerufen werden (Inbound-Telefonie), oder selbst aktiv anrufen (Outbound-Telefonie)[31].

---

[31] Vgl. Kapitel 3: Unter Inbound versteht man eingehende Anrufe. Von Outbound spricht man bei ausgehenden Anrufen.

Inbound

Um freundlich Klarheit zu schaffen, gilt es bei Gesprächsbeginn besonders auf der Beziehungsebene positive Signale zu setzen. Geben Sie sich selbst und Ihrem Gesprächspartner die Möglichkeit, sich auf den Klang Ihrer Stimme, Ihre Wortwahl und den Inhalt des Gesprächs einzustellen.

In dieser Phase ist es wichtig, den korrekten Namen Ihres Gesprächspartners zu erfahren. Sie erreichen dies am einfachsten, indem Sie sich selbst richtig melden. Die meisten Menschen nennen ihren Namen einem Gesprächspartner automatisch, wenn dieser sich zuvor namentlich vorgestellt hat. Zu einer guten Meldung gehört der Firmen- und ggf. der Abteilungsname sowie Ihr Vor- und Zuname. Ihr Name sollte am Ende der Meldung stehen, da er sich an dieser Position am besten einprägt.

Sprechen Sie den Anrufer einmal mit dem Namen an. Das schafft Verbindlichkeit und verbessert Ihre Gesprächsführung. Wenn Ihr Gesprächspartner seinen Namen nicht nennt, bitten Sie ihn darum.

Freundlich Klarheit schaffen heißt auch, dass Sie und der Kunde zu Beginn des Gesprächs ein gemeinsames inhaltliches Verständnis entwickeln: Um was genau geht es dem Kunden? Wenn der Kunde sein Anliegen nennt, versichern Sie sich, dass Sie es richtig verstanden haben – greifen Sie das Anliegen auf, indem Sie es kurz in Ihren eigenen Worten zusammenfassen „Sie möchten…", „Es geht um …". Achtung: Phase 2 (siehe Abschnitt 6.2) beginnt erst mit der Bestätigung der Richtigkeit durch den Kunden. Erst wenn Sie ein gemeinsames Verständnis vom Kundenanliegen haben, fangen Sie an, dieses weiter zu bearbeiten.

Outbound

Während beim Inbound-Telefonat der Anrufer sein Anliegen nennt, ist dies beim Outbound Ihre Aufgabe. Dabei können Sie als Anrufer immer davon ausgehen, dass Sie erst mal „stören". Deshalb sollten Sie freundlich und schnell zum Punkt kommen. Dabei beantworten Sie die wichtigsten Fragen des Kunden, ohne dass dieser sie aussprechen muss:

- Wem genau gilt Ihr Anruf (richtiger Ansprechpartner)?
- Wer ruft an (von welchem Unternehmen)?
- Was ist der Anrufgrund?

Sie sichern also ab, dass Sie mit dem richtigen Gesprächspartner verbunden sind, sagen wer Sie sind und von welchem Unternehmen Sie anrufen. Danach nennen Sie Ihren Anrufgrund.

Bei einem Geschäftspartner oder Kunden, mit dem Sie täglich routiniert Kontakt haben, ist das einfach. Sie werden nicht lange überlegen, bevor Sie den Hörer in die Hand nehmen und anrufen. Anders sieht es bei einem Erstkontakt aus, oder wenn es sich um ein Thema handelt, bei dem Sie sich sicher sein können, dass Sie vom Gesprächspartner ordentlich Gegenwind bekommen. Hier empfiehlt es sich, den Anruf vorzubereiten und den Gesprächseinstieg einmal vorzuformulieren.[32]

Schnell zum Punkt kommen ist übrigens keinesfalls gleichzusetzen mit schnell sprechen! Dies würde den Angerufenen, der noch gar nicht weiß, wer Sie sind und um was es geht, überfordern und im schlimmsten Fall verärgern: Also ruhig, freundlich, aber in wenigen Worten!

6.2 Phase 2: Fragen und Einwände

In der 2. Phase erfolgt der gegenseitige Informationsaustausch. Sie stellen dem Kunden Fragen, um eine möglichst individuelle Lösung für ihn zu finden.

Je nachdem, um welches Anliegen es geht, hinterfragen Sie jetzt

- den Bedarf des Kunden
- die Reklamation des Kunden
- den Stand der Dinge bei einer Entscheidung
- ...

Dabei werden idealerweise zuerst offene und später geschlossene Fragen gestellt.[33] Gerade wenn Sie ein Outbound-Akquise-Telefonat führen, ist es wichtig, dass Sie mit einer offenen Frage einsteigen, um ein vorzeitiges Gesprächsende zu verhindern. So führt z.B. die geschlossene Frage: „Ist X interessant für Sie?“, im Gegensatz zur offenen Frage „Welche Aspekte von X sind für Sie besonders interessant?“, oft zu einem schnellen Gesprächsende.

Auch der Kunde hat an dieser Stelle oft noch Informationen, Rückfragen oder Einwände, mit denen Sie sich jetzt beschäftigen.

---

[32] Vgl. Gesprächsleitfäden Outbound, Abschnitt 11.1

[33] Vgl. Kapitel 8: Fragetechnik

6.3 Phase 3: Individuelle Lösung

In Phase 3 unterbreiten Sie dem Kunden eine Lösung in Form eines Angebots, einer Empfehlung oder einer Vereinbarung zur weiteren Vorgehensweise.

Wenn möglich, verknüpfen Sie Ihre Lösung mit einem individuellen Nutzen für den Kunden. In Phase 1 und 2 hat er Ihnen idealerweise bereits geschildert, was ihm wichtig ist. Lassen Sie dies bei Ihrer Lösung miteinfließen. Wenn der Kunde z.B. in Phase 2 formuliert, dass er es eilig hat, verbinden Sie Ihren Vorschlag mit „Das ist die schnellste Lösung." Wenn der Kunde eine Verunsicherung äußert, kann die Lösung z.B. mit einem „Damit sind Sie auf der sicheren Seite" aufgewertet werden.

Wenn verschiedene Lösungen in Frage kommen, können diese durch eine Alternativfrage offeriert werden. Gerade wenn Sie dem Kunden seinen Wunsch nicht hundertprozentig erfüllen können, ist dies eine kluge Taktik. Wenn der Kunde z.B. eine Lieferung um 13 Uhr wünscht und Ihr Fahrer nur vormittags oder abends vorbeikommen kann, könnten Sie das folgendermaßen formulieren:

„Wir haben zwei Möglichkeiten. Was passt bei Ihnen besser: Möchten Sie die Lieferung lieber um 10 Uhr oder um 19 Uhr in Empfang nehmen?"

Sie sprechen nicht das Unmögliche aus, verkneifen sich also ein „Das geht leider nicht, weil wir nur vormittags oder nachmittags ausliefern können".

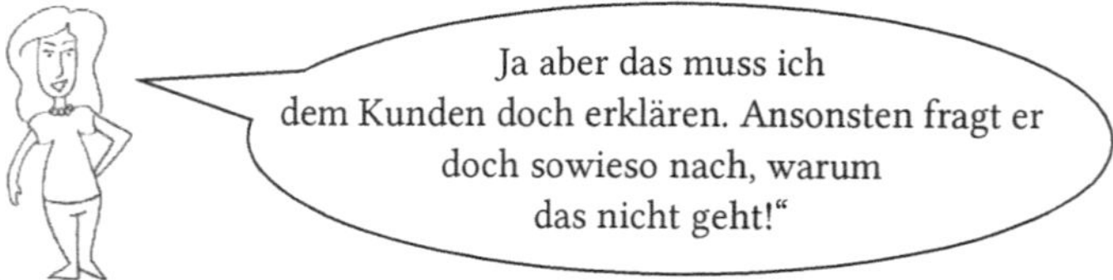

Frau Frama, ich vergleiche das gerne mit Bällen, die Sie dem Kunden zuspielen. Der Kunde wird mit den Bällen spielen, die er von Ihnen annimmt. Ich habe die Erfahrung gemacht, dass auf den Unmöglichkeitsfall, also die Aussage, dass etwas nicht geht, oft eine lange Diskussion folgt, warum das nicht geht. Dabei entsteht auf der Seite des Kunden zunehmende Unzufriedenheit, und Sie selbst befinden sich in einer unangenehmen Rechtfertigungsposition.

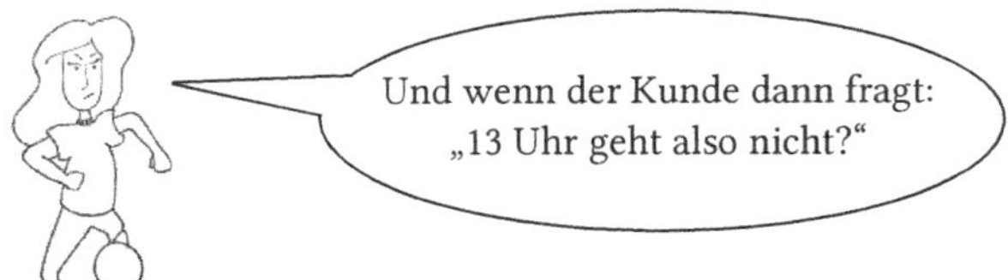

Dann antworten Sie mit „ja, genau, was ich Ihnen anbieten kann, ist 10 Uhr oder 19 Uhr“. Sie spielen also konsequent mit den Möglichkeitsbällen. Damit lassen Sie dem Kunden die Wahlfreiheit und fokussieren mögliche Lösungen, statt den Kunden sprachlich auf das Unmögliche aber Wünschenswerte zu lenken.

6.4 Phase 4: Positiver Ausklang

Oft trauen Mitarbeiter sich nicht ein Gespräch zu beenden, weil sie das Gefühl haben, es wäre unhöflich, und der Kunde könnte noch Fragen haben. Sie lassen das Gespräch dann einfach weiterplätschern und vergeuden kostbare Arbeitszeit. Profis übernehmen hier die Verantwortung und behalten die Gesprächsführung. Natürlich sollen Sie sicherstellen, dass es keine offenen Fragen mehr gibt. Wenn Sie das Gefühl haben, es ist noch etwas unklar, dann sprechen Sie dies aktiv an.

Wenn alle Fragen geklärt sind, machen Sie in Phase 4 „den Sack zu“ statt Gesprächsinhalte zu zerreden. Am elegantesten funktioniert das, wenn Sie sich bewusst aufrichten, den Kunden mit dem Namen ansprechen und eine kurze Zusammenfassung machen und/oder konkrete Folgeschritte schildern, z.B.: „Gut, Herr Müller, dann verbleiben wir so, dass der Fahrer um 19 Uhr die Ware liefert. Die Rechnung schicke ich Ihnen jetzt direkt per Mail.“

Gerade bei Akquisegesprächen kommen bei Mitarbeitern am Ende des Gesprächs oft Zweifel auf:

- Ist die Vereinbarung richtig, sollten wir die Entscheidung nicht doch noch mal vertagen?
- Sollte der Kunde nicht noch mal drüber schlafen?
- Was könnte / sollte / würde ansonsten noch gehen?

Unbewusst säen sie in der letzten Gesprächsphase Zweifel und versuchen die Verantwortung an den Kunden abzutreten. Das zeigt sich z.B. an einem fragenden Tonfall oder daran, dass plötzlich noch mehr Vorschläge formuliert werden. Auch hier übernehmen Sie aktiv die

Verantwortung. Sie haben in den ersten drei Phasen sauber gearbeitet – halten Sie nun nur noch das Ergebnis fest. Klar, wenn der Kunde plötzlich merkt, dass z.B. der Termin doch nicht passt, dann sollten Sie das ernst nehmen und noch mal gemeinsam in den Kalender sehen. Doch normalerweise ist in Phase 4 Klarheit gefragt.

Sie bestärken die gemeinsame Entscheidung, schildern wichtige Folgeschritte, sodass nichts vergessen wird. Nehmen Sie den Dank des Kunden aktiv an und gehen positiv aus dem Gespräch. Sie können davon ausgehen, dass Ihre letzten Worte im Kunden nach dem Telefonat nachklingen: Die letzten Worte bleiben im Ohr![34]

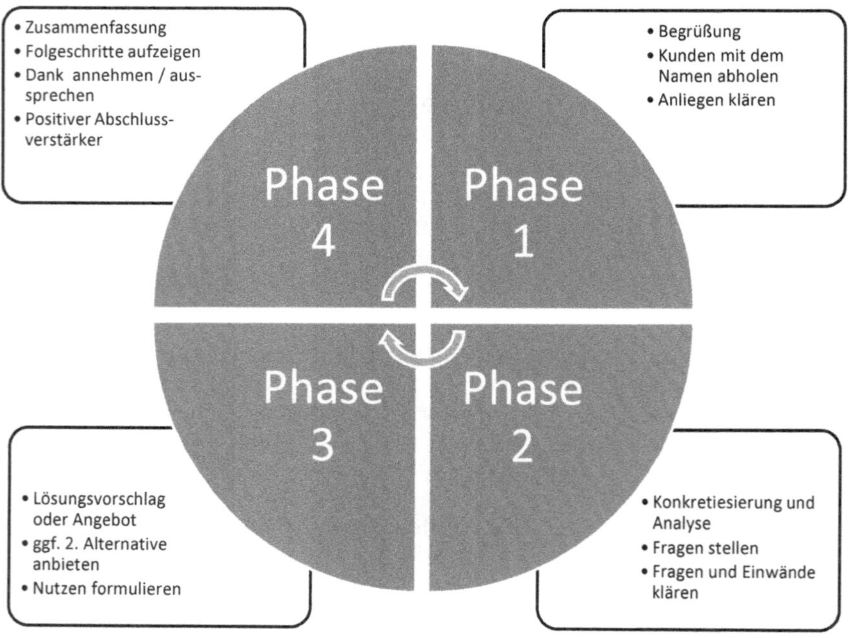

[34] Vgl. Abschnitt 7.3.2: Dank am Ende und 7.3.3: Positiver Abschluss

7 Moderne Telefonstandards authentisch nutzen

In vielen Unternehmen gibt es einheitliche Standards, wie z.B. die Meldeformel oder eine Absprache, wie Weiterverbindungen zu handhaben sind.

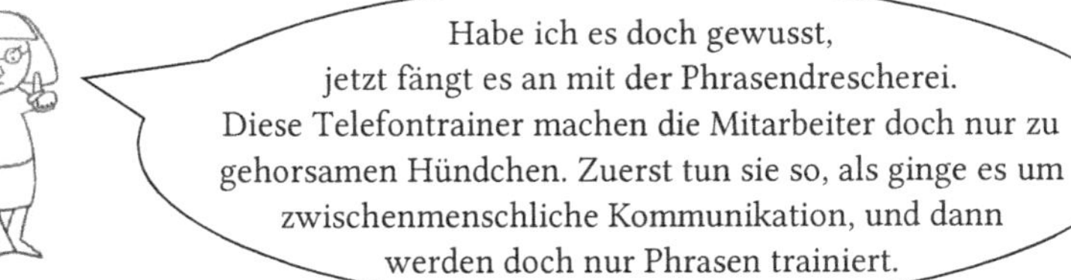

Wie Frau Dr. Krittel geht es vielen Kunden. Standards sollten niemals als Phrasen empfunden werden, sondern lebendig und authentisch beim Gesprächspartner ankommen. Deshalb gibt es im eigentlichen Sinne nur einen einzigen ganz einheitlichen Standard, der genauso gesprochen werden muss, wie dieses der Arbeitgeber vorschreibt – das ist die Meldung.

Stellen Sie sich vor, Sie wählen die Nummer einer Hotline und die Person am anderen Ende meldet sich einfach mit „Hallo“ oder „Ja, bitte?“. Ich wette, bei Ihnen entsteht zumindest eine leichte Unsicherheit. In Ihrem Kopf entstehen Fragen wie:

- „Bin ich da richtig?“
- „Habe ich mich verwählt?“
- „Ist das das Unternehmen XY?“

oder vielleicht auch ein verärgertes:

- „Wie unprofessionell ist das denn?“

Hier schafft eine professionelle einheitliche Meldeformel Abhilfe.

Wie ist das bei Ihnen? Haben Sie eine einheitliche Vorgabe? Oder haben Sie sich das, wie Sie sich melden, einfach bei einem Kollegen abgehört oder selbst überlegt?

Wenn ein Unternehmen es seinen Mitarbeitern selbst überlässt, wie sie sich beim Telefonat melden, ist dies ungefähr so, also würden sie dem Außendienst unbeschriftete Visitenkarten an die Hand geben und ihn auffordern, diese selbst zu gestalten. Die Meldung ist die auditive

Visitenkarte eines Unternehmens. Sie sollte wie das Logo oder andere unternehmenseigene Vorlagen einheitlich sein, sodass ein Kunde, egal welcher Mitarbeiter das Gespräch entgegennimmt, das Unternehmen immer wiedererkennt.

Sicher, ich stelle Ihnen auch andere Standards vor. Doch diese können und sollen Sie frei formulieren. Ob Sie nun das Anliegen aufgreifen mit „Habe ich Sie richtig verstanden ..." oder mit „Sie möchten also ...", entscheiden Sie selbst gemäß dem, was Ihnen leichter über die Lippen kommt und Ihnen stimmig erscheint.

Wenn Sie jetzt denken, ach, dann kann ich mir das Kapitel ja auch sparen, bedenken Sie bitte, dass Sie mit allem, was Sie sagen, nicht nur sich selbst zeigen, sondern auch Ihren Arbeitgeber und dessen Produkte und Leistungen repräsentieren. Deshalb unterscheidet sich ein berufliches Telefonat deutlich von Privatgesprächen - und dies zeigt sich u.a. durch das Einhalten der Gesprächsphasen und die Formulierung der Standards.

7.1 Standards in Phase 1

Im Folgenden betrachten wir die Standards der ersten Phase genauer.

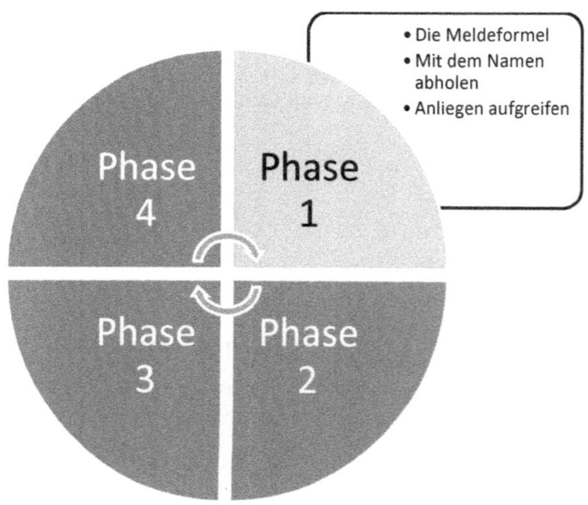

7.1.1 Die Meldeformel

Wie bereits erörtert, vermittelt die einheitliche Meldeformel wie kein anderer Telefonstandard dem Kunden die Corporate Identity[35]. Ein Kunde, der häufig anruft, erkennt das Unternehmen sofort an der Meldung, egal mit welchem Mitarbeiter er spricht.

Da ein Mitarbeiter die Meldeformel tagtäglich immer wieder spricht, wird diese oft „gesungen" oder „schnell heruntergeleiert". Für den Anrufer ist es dadurch schwer, die Meldung zu verstehen, geschweige denn, den Mitarbeiter mit Namen anzusprechen. Bevor wir uns die Inbound- und Outbound-Meldeformel genau ansehen, hier schon ein wichtiger Hinweis:

Das Letzte, was gesagt wird, bleibt am besten in Erinnerung.

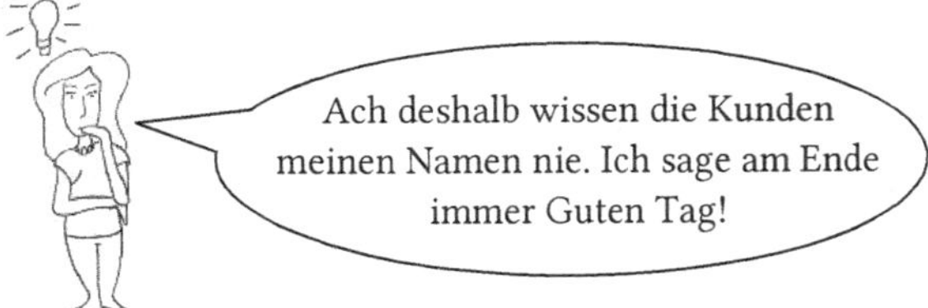

Die meisten Anrufer brauchen einen Moment, bis sie mit voller Konzentration beim Gesprächspartner sind. Deshalb ist die Grußformel, die auch mit wenig Konzentration erkannt werden kann, idealerweise immer das erste Element einer Meldung.

Ein weiterer Tipp: Melden Sie sich mit Vor- und Zunamen. Das erleichtert das Verstehen des Nachnamens. Wenn Sie einen sehr komplizierten Vornamen haben, Ihren Vornamen partout nicht preisgeben möchten oder Ihr Vorname immer mit Ihrem Nachnamen zusammen als ein Wort verstanden wird, können Sie auch einfach ein Herr oder Frau vor Ihrem Nachnamen nennen. Ich empfehle jedoch im Allgemeinen, den Vorname zu nennen, da dies im allgemeinen Geschäftsverkehr üblich ist und Verwechslungen vorbeugt. Psychologisch steht das Nennen des Vornamens für Transparenz, und der Kunde kann davon ausgehen, dass Sie zu Ihrem Unternehmen und dem, was Sie am Telefon sagen, auch stehen.[36]

---

35 Die Corporate Identity oder kurz CI steht für die Gesamtheit der Merkmale, die ein Unternehmen kennzeichnen und es von anderen Unternehmen unterscheiden.

36 Eine Ausnahme bilden natürlich konkrete Bedrohungssituationen, sodass ein Mitarbeiter aufgrund seiner Position von einer persönlichen Gefährdung ausgehen kann.

Inbound

Bei der Inbound-Meldung ist die wichtigste Information Ihr Name. Der Kunde hat ja bewusst die Nummer des Unternehmens gewählt, und so ist der Unternehmensname nur die Bestätigung: „Ich bin richtig verbunden." Der Name des Mitarbeiters, der ans Telefon geht, ist für den Anrufer oft neu. Selbst wenn er eine Durchwahl wählt, wird er ggf. an einen Stellvertreter oder Kollegen verbunden, da der gewünschte Ansprechpartner gerade nicht am Platz ist.

Idealerweise halten Sie sich bei der Meldung also an folgende Reihenfolge:

[1] Grußformel

[2] Unternehmen und ggf. Abteilung/Bereich

[3] Vor- und Zuname

Beispiel:

[1] Guten Tag

[2] Grüngras GmbH, Kundenservice

[3] Anton Acker

Damit Sie nicht in einen Singsang verfallen, sprechen Sie die Meldung bewusst langsam. Achten Sie dabei auf Ihre Stimmhöhe: Sprechen Sie die Grußformel bewusst in der Indifferenzlage.[37] Machen Sie danach eine kurze Pause, senken Sie die Stimme nun etwas ab, wenn Sie den Unternehmensnamen / Ihren Bereich nennen. Nach einer weiteren kurzen Pause nennen Sie Ihren Vor- und Zunamen. Wenn Sie Ihren Namen nennen, lächeln Sie dabei. Dies dient tatsächlich auch zur deutlichen Unterscheidung zwischen dem Unternehmensnamen (seriös neutral gesprochen) und Ihrem Namen (freundlich lächelnd und dadurch automatisch mit höherer Stimme). Probieren Sie es aus!

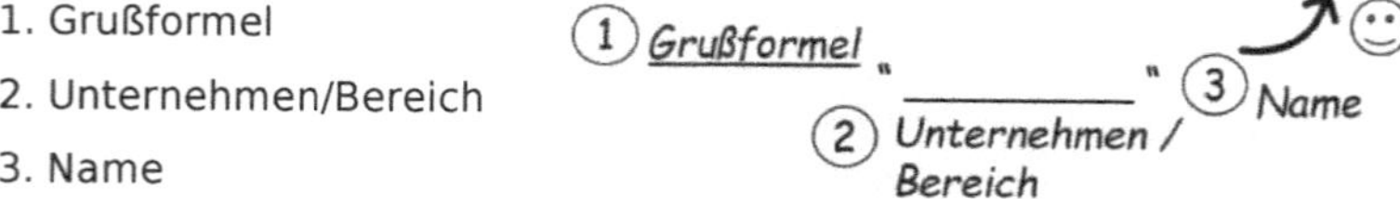

Dieser „Dreiklang" macht die einzelnen Elemente Ihrer Meldung klar verständlich und unterscheidbar.

[37] Vgl. Abschnitt 4.11: Überzeugend sprechen

Im Kapitel 4 haben wir uns mit der Wirkung der Stimme befasst und festgestellt, dass die Indifferenzlage Authentizität vermittelt, dass tiefe Stimmen seriös klingen und das Anheben der Stimme Freundlichkeit zeigt. Der Wechsel der Stimmhöhen bei der Meldeformel soll dabei keinesfalls übertrieben sein. Der Anrufer nimmt ihn nicht bewusst wahr. Er hört die Meldung und erkennt unbewusst

[1] einen authentischen Gesprächspartner,

[2] ein seriöses Unternehmen und

[3] eine freundliche, offene Haltung.

Das Anheben der Stimme am Ende der Meldung bewirkt gleichzeitig noch etwas. Es signalisiert: „Jetzt sind Sie dran." Der Kunde „antwortet" fast automatisch mit dem Nennen des eigenen Namens. Sie müssen also nur im Ausnahmefall nach dem Namen fragen.

Vor einigen Jahren galt es noch als das Nonplusultra, möglichst viel in die Meldeformel hineinzupacken. Mein Rat: Halten Sie die Meldeformel insgesamt so kurz wie möglich, da Kunden bei Meldeformeln auch ungeduldig werden können – egal wie freundlich der Mitarbeiter dabei klingt:

Also nicht so, wie in diesem Beispiel:

bloß nicht!

„Einen wunderschönen guten Tag, Sie sind verbunden mit dem Verbund für internationales Telefonmarketing in Düsseldorf, wir stellen Ihre Interessen in den Mittelpunkt und nehmen Sie als Kunden ernst, mein Name ist Katharina Kahlenschmidt, ich bin Ihre persönliche Kundenberaterin, was kann ich für Sie tun ..."

Diese Meldeformel ist sicher *gut gemeint*, aber das ist ja bekanntlich auch das Gegenteil von *gut gelungen*.

Halten Sie Ihre Meldeformel so kurz wie möglich. Denken Sie darüber nach, ob Sie z.B. auf das Nennen einer GmbH, AG, GbR oder sonstige Einträge verzichten können. Auch das Nennen des Abteilungsnamens sollte nur dann erfolgen, wenn es ansonsten zu vielen Rückfragen bei den Kunden kommt, also wenn jeder 2. bis 5. Anrufer nachfragt: „Bin ich jetzt beim Kundenservice?". Im Allgemeinen gilt bei der Meldeformel: in der Kürze liegt die Würze.

Outbound

Die Meldung im Outbound-Gespräch unterscheidet sich von der Inbound-Meldung vor allem dadurch, dass Sie nach der Grußformel zuerst Ihren Vor- und Zunamen und dann das Unternehmen nennen. Bei der Outbound-Meldung ist es für den Kunden als Orientierung wichtiger zu wissen, um welches Unternehmen es sich handelt. Deshalb nennen Sie hier den Unternehmensnamen am Ende.

Eine weitere Besonderheit ist, dass der Angerufene sich normalerweise mit dem Namen meldet. Seien Sie aufmerksam und begrüßen Sie Ihren Gesprächspartner direkt namentlich.

[1] Grußformel mit Kundennamen

[2] Vor- und Zuname

[3] Unternehmen und ggf. Abteilung/Bereich

Beispiel:

[1] Guten Tag, Frau Kundin

[2] Hier spricht Anton Acker

[3] von der Grüngras GmbH

Hier empfehle ich kurze Überleitungen, also *„hier spricht“* und *„von“*, da ich dies im Outbound-Gespräch als stimmiger empfinde.

Achtung: Sagen sie **nie** *„von der Firma ...“*. Das klingt altmodisch und unprofessionell. Ein Unternehmen, das es nötig hat zu betonen, dass es eine Firma ist, dem fehlt es an einem natürlichen Selbstverständnis. Auch hier können Sie die GmbH, GbR oder sonstige Einträge weglassen und sich z.B. einfach so melden:

[1] Guten Tag Frau Kundin

[2] Hier spricht Anton Acker

[3] von Grüngras

Praxistipp

Erinnern Sie sich bewusst, dass der Anrufer die Meldeformel vielleicht zum ersten Mal hört:

- Die Meldung sollte so kurz wie möglich und nur so lang wie nötig sein.
- Nennen Sie die Grußformel immer an erster Stelle, damit der Kunde eine Chance hat, Ihren Namen und das Unternehmen zu verstehen.
- Sprechen Sie langsam und deutlich.
- Machen Sie kurze Pausen zwischen den einzelnen Elementen der Meldung, damit diese nicht „verschwimmen“.

7.1.2 Mit dem Namen abholen

Der Name des Gesprächspartners ist für eine effektive Gesprächsführung unerlässlich. Durch die namentliche Ansprache bauen Sie eine positive Beziehung zum Gegenüber auf, übernehmen die Gesprächsführung und vermitteln Professionalität.

Unter „mit dem Namen abholen“ verstehen wir beim Telefongespräch die direkte namentliche Ansprache zu Beginn des Gesprächs.

Während wir den Namen im Outbound-Gespräch bereits in die Meldung integrieren, holen wir den Anrufer beim Inbound-Gespräch direkt ab, nachdem er seinen Namen gesagt hat:

„Frau/Herr ...”

Sie können ein erneutes „Guten Tag“ oder „Hallo“ weglassen. Ansonsten passiert folgendes:

Mitarbeiter: „**Guten Tag**, Sonnenscheinakademie, Rolf Sudelig.“

Kunde: „**Guten Tag**, mein Name ist Sander.“

Mitarbeiter: „**Guten Tag,** Herr Sander.“

Kunde: „**Guten Tag**.“

....

Der Kunde wird wahrscheinlich ein zweites Mal „Guten Tag“ sagen oder zumindest kurz innehalten. Wenn Sie eine Begrüßungsschleife vermeiden möchten, gehen Sie besser folgendermaßen vor:

Mitarbeiter: „**Guten Tag**, Sonnenscheinakademie, Rolf Sudelig.“

Kunde: „**Guten Tag**, mein Name ist Sander.“

Mitarbeiter (*freundlich auffordernd*): „Herr Sander!“

Kunde: „Es geht um ...“

....

Das Nennen des Namens signalisiert dem Kunden Präsenz. Der Mitarbeiter sendet damit unausgesprochen die Botschaft:

„Was kann ich für Sie tun?“

Geschickt eingesetzt, ersetzt der Name diese Phrase, die man allzu oft in Telefonaten hört.

Wird der Name des Kunden nicht verstanden oder nicht genannt, so erbittet oder erfragt der Mitarbeiter ihn vor Beginn des eigentlichen Gesprächs. Achten Sie dabei auf einen freundlichen Tonfall. Der Gesprächspartner soll auf keinen Fall den Eindruck haben, dass er etwas „falsch“ gemacht hat.

Beispiele:

„Entschuldigen Sie, ich habe Ihren Namen nicht verstanden.“

„Sagen Sie mir bitte Ihren Namen!“

„Nennen Sie mir bitte Ihren Namen!“

„Verzeihen Sie, wie ist Ihr Name, bitte?“

Bitte sagen Sie *nicht:*

bloß nicht!

„Wie war Ihr Name?“ (Der Kunde lebt noch)

„Könnten Sie mir Ihren Namen nennen?“ (Ja, er kann!)

„Können Sie Ihren Namen buchstabieren?“ (Das klingt, als würden Sie daran zweifeln, dass der Kunde das kann!)

„Also da müssen Sie mir jetzt erst mal Ihren Namen sagen, sonst kann ich nichts für sie machen.“ (Erpressung?)

Unsere Namen sind eng mit unserer Persönlichkeit verbunden. Entweder wir tragen unseren Namen schon ein Leben lang, oder wir haben uns bewusst für einen neuen Namen entschieden, z.B. bei der Heirat eines geliebten Menschen. Damit ist klar, dass wer sich über einen Namen lustig macht (und sei es noch so nett gemeint), auch den Menschen trifft.

bloß nicht!

„Herr Pickel, der Name war in der Pubertät sicher auch ein Kreuz!“

„Frau Bierbrauer, das klingt mir doch nach einer trinkfreudigen Familie!“

Auch wenn der Spruch, der Ihnen auf der Zunge liegt, Ihnen noch so originell erscheinen mag, seien Sie sich sicher: Ihr Gesprächspartner kennt ihn bereits, und er fand ihn bereits auf dem Schulhof nur mäßig witzig.

Ein weiteres Fettnäpfchen sind Namen, die Sie direkt als „nicht Deutsch“ identifizieren.

„Herr On...wua..tue..gwu, oh Gott ist das kompliziert, was ist das denn für ein Name?”

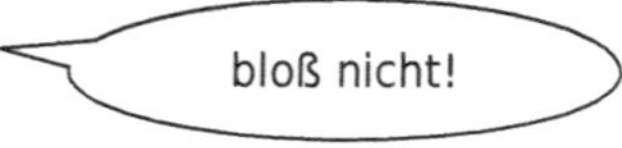

„ Frau Takahashi? Das ist ja ein lustiger Name! Wo sind Sie denn her?“[38]

„Ötzkan? Ach, Sie sind Türke!“

Müssen sich Frau Müller, Herr Meier oder Frau Schmitz jemals für Ihre Namen entschuldigen? Wer fragt sie danach, wo ihre Wurzeln liegen? Sicher, vielleicht sind Sie einfach ganz positiv neugierig, und das dürfen Sie auch beibehalten. Ich selbst werde oft nach der Herkunft meines Namens gefragt, was ich in einem netten persönlichen Gespräch nicht unangenehm finde. Zum Einstieg in ein Businessgespräch finde ich es jedoch befremdlich, provinziell und unprofessionell. Viele Menschen haben den berechtigen Wunsch, nicht jedem ihre persönliche Lebensgeschichte zu erzählen: „Nein, ich bin kein Türke. Mein Großvater war Türke und ist in den 60er-Jahren als Gastarbeiter nach Deutschland eingewandert. Ich selbst spreche gar kein türkisch und bin in Berlin aufgewachsen und habe einen deutschen Pass. In der Türkei war ich nur einmal im Urlaub ... ähm ja, und warum ich eigentlich anrufe ist ...“

Liebe Frau Frama, das späte Erfragen des Namens stört den Gesprächsverlauf. Außerdem vergeben Sie sich ein wichtiges Beziehungs- und Gesprächsführungsinstrument. Gerade Kunden mit schwierigen Namen freuen sich meist, wenn jemand nachfragt und den Namen dann tatsächlich richtig ausspricht. Damit sammeln Sie direkt bei Gesprächsbeginn Punkte beim Gesprächspartner. Und wenn ein Name nicht nur kompliziert, sondern auch noch sehr

---

[38] Es handelt sich bei dem Namen Onwuatuegwu um einen der acht häufigsten afrikanischen Nachnamen. Takahashi ist in Japan auf Rang 4. Die Liste von Namen, die für uns ungewöhnlich klingen, lässt sich unendlich fortsetzen.

lang ist, und Sie wissen vielleicht noch nicht einmal, was ist jetzt Vor- und was Nachname ist, dann fragen Sie doch einfach:

„Wie darf ich Sie ansprechen, als Herr/Frau (*Pause)*?"

Praxistipp

Spitzen Sie die Ohren und den Stift zum Mitschreiben, wenn es um den Namen des Kunden geht. Viele Namen werden überraschend anders ausgesprochen als geschrieben – also lesen Sie den Namen nicht einfach ab, sondern schreiben Sie ihn sich einmal so mit, wie der Kunde ihn spricht (nach Gehör).

Besonderheit beim Outbound – der richtige Gesprächspartner?

Wie Sie bereits bei der Meldeformel erfahren haben, integrieren Sie den gehörten Namen beim Outbound-Gespräch direkt in die Begrüßung:

„Guten Tag Frau Sonnenschein, hier spricht Eva Ewers von Klarkommunikation."

Wenn Sie sich nicht ganz sicher sind, ob der Gesprächspartner der richtige Ansprechpartner ist, fragen Sie anschließend noch einmal nach:

„Spreche ich mit Sonja Sonnenschein?"

Und wenn nun nicht der richtige Ansprechpartner dran ist?

Je nachdem, wie datenschutzrelevant oder diskret das Thema ist, können Sie ruhig nachfragen, ob die Person vielleicht auch weiterhelfen kann (wenn es nicht gerade der 5-jährige Sohn ist). Hier gilt es zu unterscheiden, ob es z.B. um die Terminverschiebung des Handwerkers oder des Schönheitschirurgen geht. Im zweiten Fall sollten Sie lieber nachfragen, wie Sie die Person am besten persönlich erreichen können.

7.1.3 Das Anliegen – Vermeiden von 08/15-Flokeln

7.1.3.1 Inbound: Das Anliegen des Kunden aufgreifen

Bei einem Inbound-Gespräch schildert der Kunde zu Beginn in der Regel sein Anliegen. Unter dem „Aufgreifen des Anliegens" verstehen wir das Abgleichen der Aussagen des Kunden mit den Informationen, die bei uns angekommen sind, und stellen sicher, dass wir ihn richtig verstanden haben.[39] Falls der Kunde, schon bevor Sie ihn mit Namen abholen konnten, sein Anliegen schildert, starten Sie mit dem Namen, z.B.:

„Herr Sander, Sie möchten sich gerne mit meiner Hilfe einen Überblick über Ihre Rechnung verschaffen?"

Also, ich brauche doch erstmal Zugang zu den Kundendaten. Bevor ich irgendetwas daher schwadroniere, schau ich erst mal in die Kundendatenbank. Ich frage den Kunden nach seinem Nümmerchen, das gebe ich ein und schau mir den Vorgang im System an. Der Kunde kann dabei ruhig auch schon was erzählen.

Bei dieser Arbeitsweise stehen „der Vorgang" und „das System" im Mittelpunkt. Dementsprechend ist dies für den Kunden ein Kundenservice *von der Stange*. Der Kunde wird erst einmal als Nummer abgehandelt. Dabei klingt zu Beginn jedes Gespräch gleich, und es kommt keine echte Kommunikation zustande. Durch das Aufgreifen des Anliegens eröffnen Sie das Gespräch *maßgeschneidert* für den Anrufer. Prüfen Sie es einfach selbst:

Kunde: "Ich verstehe meine Rechnung nicht, das ist total unübersichtlich:"

Mitarbeiter: "Nennen Sie mir bitte Ihre Kundennummer!"

Kunde: "äh, wo finde ich die?" oder „12345..."

...

Wieviel Beziehung wurde hier aufgebaut? Auf mich wirken solche Telefonate immer wie „Dienst nach Vorschrift". Wenn ich zuerst nach einer Nummer gefragt werde, befürchte ich, dass der Mensch sich nicht mit meinem Anliegen befassen möchte und mich nach dem Blick in die Datenbank direkt abwimmelt oder weiterverbindet.

Echter Kontakt entsteht, wenn Sie erst einmal auf den Kunden und sein Anliegen eingehen. Hierzu wird das Anliegen des Kunden in eigenen Worten wiedergegeben.

Möglichkeiten sind:

„Sie möchten ..."

„Es geht Ihnen um ..."

---

[39] Die zugrundeliegende „Technik" ist das aktive Zuhören; vgl. Abschnitt 5.2

„Ist das richtig, Sie haben ..."

„Frau/Herr ..., wenn ich Sie richtig verstehe, ..."

„Wenn ich das richtig erfasst habe, dann geht es Ihnen um ..."

„Verstehe ich Sie richtig, dass ..."

„Ihnen ist wichtig, dass ..."

Durch das Wiedergeben der Kundenaussagen in eigenen Worten werden Missverständnisse auf beiden Seiten und damit eine unnötige Verlängerung der Gesprächszeit vermieden. Der Kunde gewinnt Sicherheit, dass sein Anliegen richtig angekommen ist, und er kann darauf vertrauen, dass es in seinem Sinne bearbeitet wird.

Bitte achten Sie darauf, dass Sie dem Kunden nicht einfach nur nachplappern wie ein Papagei.

Also nicht so:

bloß nicht!

Kunde:" Ich verstehe meine Rechnung nicht, das ist total unübersichtlich:"

Mitarbeiter: "Sie verstehen also Ihre Rechnung nicht und Sie finden sie total unübersichtlich."

Kunde (gereizt): „Das sagte ich ja bereits!"

Das reine Wiederholen wirkt aufreizend. Gerade die Wiederholung der negativen Bewertung des Kunden *„total unübersichtlich"* ist wenig lösungsorientiert. Darum fassen Sie ein Kundenanliegen eher neutral oder lösungsorientiert und in eigenen Worten zusammen:

besser so!

Kunde:" Ich verstehe meine Rechnung nicht, das ist total unübersichtlich:"

Mitarbeiter: 'Sie möchten sich gerne mit meiner Hilfe einen Überblick über Ihre Rechnung verschaffen."

Kunde (erleichtert): „Ja, genau!"

Im Kern geht es darum, den Kunden und sein Anliegen direkt zu Beginn in den Mittelpunkt zu stellen und sich auf ihn einzulassen. Das direkte Erfragen einer Kundennummer oder gleichzeitige Nachlesen in Datenbanken stört die Beziehungsebene und vermittelt dem Gesprächspartner keine Sicherheit. Wenn das Aufgreifen des Anliegens gelingt, spüren Sie oft direkt eine Entspannung des Kunden.

Praxistipp

Machen Sie nach dem Aufgreifen des Anliegens unbedingt eine Pause und lassen Sie sich vom Kunden bestätigen, dass Sie ihn richtig verstanden haben. Mit der Bestätigung holen Sie sich gleichzeitig ein Einverständnis für die Gesprächsführung.

Achtung Datenschutz

Je nachdem, um welches Thema es geht und ob Sie Ihren Gesprächspartner persönlich kennen, gilt es, auf den Datenschutz zu achten. Wenn also Informationen, die diesem unterliegen, ausgetauscht werden sollen und Sie den Gesprächspartner nicht bereits kennen, bitten Sie den Anrufer, nach dem Aufgreifen des Anliegens, sich kurz zu legitimieren, z.B.:

„Frau Kunz, Sie möchten sich gerne mit meiner Hilfe einen Überblick über Ihre Rechnung verschaffen? (*Pause, Kundin das Anliegen bestätigen lassen*) Vorab: Damit wir in Bezug auf den Schutz Ihrer Daten auf der sicheren Seite sind, nennen Sie mir doch bitte Ihr Geburtsdatum ... und Ihre aktuelle Anschrift ... Danke!“

Ausnahme Zentrale

Es gibt eine Ausnahme in Bezug auf das Aufgreifen des Anliegens, und das sind Anrufe bei Telefonzentralen, bei denen der Anrufer direkt darum bittet, an eine bestimmte Abteilung oder eine bestimmte Person weiterverbunden zu werden, z.B.

- „Verbinden Sie mich bitte mit Herrn Markus Meier.“
- „Bitte verbinden Sie mich mit der Buchhaltung.“

Je nach Anliegen oder Unternehmensvorgaben können sich natürlich noch Nachfragen ergeben, wenn es z.B. ...:

- mehrere Mitarbeiter des gleichen Namens gibt.
- Aufgabenteilungen innerhalb von Abteilungen bestehen und es damit unterschiedliche Ansprechpartner gibt.
- Arbeitsanweisungen gibt, Anrufe von sogenannten Headhuntern oder unerwünschte Akquise-Telefonate herauszufiltern und nicht weiterzuleiten.

Wenn solche Nachfragen erforderlich sind, empfiehlt sich zumindest ein kurzes Aufgreifen des Anliegens mit „gerne“, wie zum Beispiel:

„Gerne *(verbinde ich Sie mit Herrn Meier)*. Damit Sie beim richtigen Markus Meier rauskommen, meinen Sie Herrn Meier mit ay oder ei?“

„Gerne *(verbinde ich Sie mit der Buchhaltung)*. Damit Sie direkt den richtigen Ansprechpartner haben, sagen Sie mir noch kurz: Geht es um eine Rechnung, die Sie von uns erhalten haben, oder um eine Rechnung von Ihnen an uns?“

„Gerne *(verbinde ich Sie)*. Sagen Sie mir kurz, um was es geht, damit ich Sie ankündigen kann.“

Falls ein Anrufer einer von denen ist, die Sie nicht weiterverbinden dürfen, formulieren Sie eine positive Option, wie z.B.:

„Für Angebote von Dienstleistern haben wir ein extra Postfach. Bitte senden Sie Ihr Angebot an die Mail-Adresse ... . Die Angebote werden dann intern verteilt und wir melden uns bei Ihnen, wenn Interesse besteht.“

Ein geübter Vertriebler wird versuchen, Sie im Anschluss in eine Diskussion zu verstricken. Wenn Ihnen das zu anstrengend ist, antworten Sie freundlich aber gleichbleibend z.B. mit: *„Bitte haben Sie Verständnis, das ist der Weg, über den bei uns alle Angebote geprüft werden.“*

Diese Technik nenne ich auch den „Kratzer in der Schallplatte“. Sie wiederholen die Lösung gleichbleibend freundlich, bis der Anrufer sie akzeptiert. Verzichten Sie dabei unbedingt auf Formulierungen wie „wir drehen uns im Kreis“ oder „wie ich Ihnen schon dreimal gesagt habe.“ Das reizt den Anrufer nur unnötig. Bleiben Sie professionell freundlich. Es versteht sich hoffentlich von selbst, dass dies keine kundenorientierte Vorgehensweise ist und wirklich nur im Ausnahmefall – bei unerwünschten Anrufen – genutzt werden sollte.

Wo wir gerade beim Thema Weiterverbinden sind, ich arbeite ja nicht in der Zentrale, aber das kommt schon häufig vor ... Muss ich denn, wenn ich dem Kunden vielleicht wirklich nicht weiterhelfen kann und das direkt weiß, trotzdem das Anliegen aufgreifen?

Ein leidiges Thema: Weiterverbinden

Auf jeden Fall, Frau Frama, denn gerade dann sollte die Beziehungsebene stimmen. Ein Kunde, der sich nicht verstanden fühlt und direkt weiterverbunden wird, entwickelt negative Gefühle. Ihm wird verbal direkt die Tür vor der Nase zugeknallt. Weiterverbinden ist für den

Kunden eher unangenehm und kann leicht zu schwierigen Gesprächssituationen führen, da der Kunde es als „Ablehnung“ empfinden kann.

Kunde: „Ich komme nicht mehr in meinen Online-Account.“

Mitarbeiter: „Da bin ich nicht zuständig. Einen Moment, ich verbinde!“

bloß nicht!

Beim Wort „zuständig“ denke ich immer sofort an veraltete Amtsstrukturen. Für den Kunden zählt nicht, wer zuständig ist, sondern wer es am besten kann. Wenn der Kunde das Gefühl hat, dass der Mitarbeiter sein Anliegen verstanden hat, kann das Weiterleiten als echte Lösung wahrgenommen werden. Darum ist es wichtig, das Weiterverbinden positiv als Lösung anzukündigen, um dem Anrufer den Nutzen aufzuzeigen (Also nicht wie im Beispiel oben, bei dem das Weiterverbinden des Mitarbeiters im Mittelpunkt steht).

Kunde: „Ich komme nicht mehr in meinen Online-Account.“

Mitarbeiter: „Es geht um den Zugang zu Ihren Daten in unserem System?“

besser so!

Kunde: „Ja, das klappt nicht mehr.“

Mitarbeiter: „Ok, da verbinde ich Sie zu unserem Online-Expertenteam. Die helfen Ihnen da direkt weiter!“

Achtung Falle!

Auch beim Weiterverbinden geht es wieder um den *Ball,* den Sie dem Kunden zuspielen. Der *Möglichkeitsball,* der direkt positiv die Lösung zeigt: „Da helfen Ihnen unsere Experten vom Online-Team direkt weiter“, erzeugt eher positive Resonanz. Oft wird beim Weiterverbinden der *Unmöglichkeitsball* gespielt:

„Also das tut mir wirklich, wirklich LEID, aber da kann ich LEIDER, LEIDER nichts für Sie machen, da MUSS ich Sie weiter verbinden.“

Der Unmöglichkeitsball erzeugt, egal wieviel Mühe Sie sich beim Erklären geben, eher negative Gefühle. Wenn Sie Pech haben, schießt der Kunde dann ziemlich aggressiv zurück.

Verzichten Sie bitte auch auf Erklärungen wie:

bloß nicht!

- „Ich bin neu hier“
- „habe keine Berechtigung für ...“,
- „habe keinen Zugang zu ...“,
- „hatte noch nicht die Schulung für ...“

Damit stellen Sie Ihre eigenen Probleme und nicht das Anliegen des Kunden und dessen Lösung in den Mittelpunkt. Und auch wenn der Kunde Sie als Mitarbeiter sympathisch findet, was denkt er bei solchen Ausführungen über das Unternehmen und dessen Organisation?

Meine Empfehlung: Verwenden Sie bewusst Formulierungen, die den Nutzen herausstellen, wie:

besser so!

- „Die Kollegen sind **Experten** für ...“
- „Die Kollegen werden **direkt für Sie** ... / **unterstützen Sie** bei ... / **helfen Ihnen** ...“
- „Das sind die richtigen **Ansprechpartner** beim Thema ...“

So wird das Weiterverbinden vom Anrufer als Lösung wahrgenommen. Im Idealfall bleibt für den Mitarbeiter und den Kunden eine positive Gesprächsatmosphäre erhalten.

Wenn möglich, wird dem Kollegen der Kunde angekündigt, bevor er durchgestellt wird. Dabei werden dem Kollegen der Name und das Anliegen des Anrufers genannt, sodass der Kollege den Kunden direkt mit dem Namen abholen kann und der Kunde sein Anliegen nicht erneut schildern muss. Wichtig ist natürlich, dass im Unternehmen dann auch die Übereinkunft herrscht, dass diese Informationen aktiv genutzt werden, z.B.: „Herr Meier, meine Kollegin Frau Müller hat mir bereits mitgeteilt, dass es um den Zugang zu Ihrem Online-Account geht.“

7.1.3.2 Outbound: Das eigene Anliegen formulieren

Kommen wir zum Outbound. Hier haben Sie als Anrufer das Anliegen. Ihr Anliegen sollte idealerweise folgendermaßen formuliert sein:

- kurz
- verständlich
- positiv
- anregend

Sehen wir uns die Voraussetzungen im Einzelnen an:

Kurz

bloß nicht!

„Sie haben seit 1989 einen Privathaftpflichtvertrag in unserem Haus. Seither hat sich in der Versicherungswelt vieles verändert. Vor allem die Schadenssummen und damit die Versicherungssummen haben sich seitdem stark erhöht. Darum ist es wichtig, dass wir regelmäßig überprüfen, ob der Vertrag noch Ihren aktuellen Bedürfnissen entspricht, was bei einem so alten Schätzchen recht unwahrscheinlich ist ..."

„Es geht um Ihren Haftpflichtvertrag."

besser so!

Nach einer kurzen Pause fragt der Kunde ggf. selbst, um was es genau geht, oder Sie selbst können direkt in Phase 2 überleiten, z.B.:

„Wie wichtig ist es Ihnen im Schadensfall, dass der Vertrag auf dem neusten Stand ist?"

Zwingen Sie Ihren Kunden nicht, unnötig lange zuzuhören. Damit erzeugen Sie unnötigen Missmut. Lassen Sie den Kunden schnell zu Wort kommen.

Verständlich

„Mein Anliegen bezieht sich darauf, just in time den von uns offerierten alljährlichen Special Car Service zu avisieren."

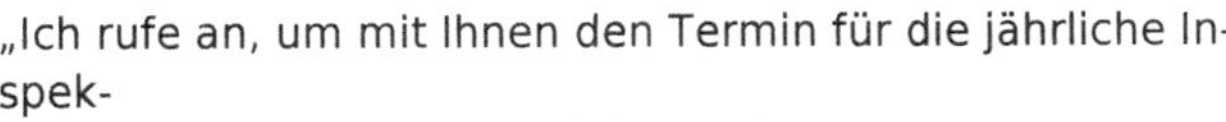

„Ich rufe an, um mit Ihnen den Termin für die jährliche Inspektion für Ihren BMW zu vereinbaren."

Vermeiden Sie komplizierte Satzkonstruktionen, Fremdworte und interne Bezeichnungen, die der Kunde gegebenenfalls nicht kennt.

Positiv

bloß nicht!

„Ich will Ihnen ungern Ihre Zeit stehlen, aber wir haben ein Problem mit Ihrer unklaren Rechnung, die müssen Sie uns erst mal erklären."

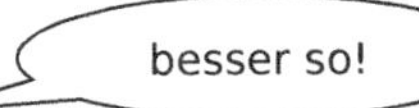

„Ich habe Fragen zu Ihrer Rechnung vom 11.8., die ich gerne mit Ihnen klären möchte."

Formulieren Sie auch schwierige Sachverhalte lösungsorientiert und stellen Sie nicht das Problematische in den Mittelpunkt.[40]

Anregend

„Ich melde mich nur mal kurz, um den Stand der Dinge zu erfragen in Bezug auf unser Angebot."

---

[40] Anregungen zum positiven Formulieren finden Sie in Abschnitt 5.3

„Ich bin gespannt darauf zu hören, welche Informationen Ihnen für eine Entscheidung in Bezug auf unser Angebot noch fehlen.“

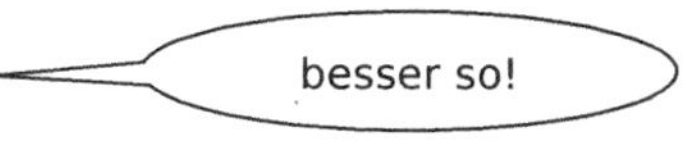

Wenn Sie sich einen echten Austausch wünschen, dann langweilen Sie Ihre Kunden nicht mit dem, was Sie brauchen oder wollen. Stellen Sie die Bedürfnisse, Wünsche und Interessen des Kunden in den Mittelpunkt. Das lädt zu einem Gespräch ein und vermindert die Gefahr, abgewimmelt zu werden.

7.2 Standards in den Phasen 2 und 3

Im Gegensatz zum Gesprächseinstieg in Phase 1 und dem Gesprächsabschluss in Phase 4 gibt es für Phase 2 und 3 nur wenige einheitliche Standards.

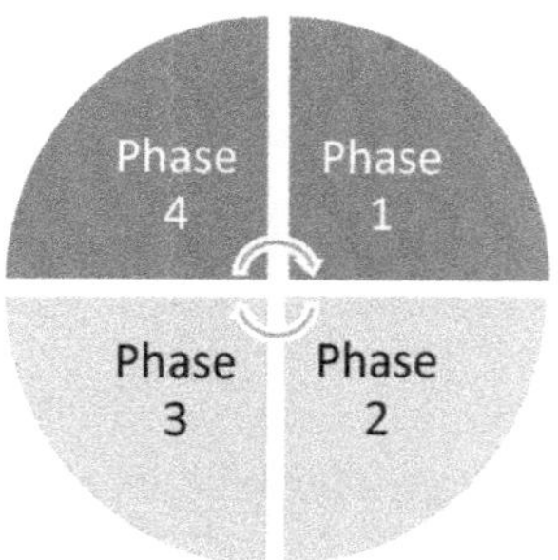

7.2.1 Warum Profis Kunden (nicht zu oft) namentlich ansprechen

In seinem Bestseller „Wie man Freunde gewinnt“ schreibt Dale Carnegie: „Vergiss nie, dass für jeden Menschen sein Name das wichtigste Wort ist.“[41]

Damit ist gemeint, dass Menschen an ihrem eigenen Namen mehr interessiert sind als an allen anderen Namen der Welt. Deshalb empfiehlt Carnegie, sich Namen zu merken und Menschen namentlich anzusprechen.

---

[41] Dale Carnegie: Wie man Freunde gewinnt. Die Kunst, beliebt und einflussreich zu werden, 2011

Wenn Sie den Kunden im Satz oder am Ende des Satzes mit dem Namen ansprechen, wirkt dies als Beziehungsverstärker und macht das Gesagte persönlicher. Dies ist zum Beispiel bei einem Kompliment der Fall:

„Ihr Internetauftritt ist bei weitem der professionellste, den ich seit langem gesehen habe, Frau Nquyen!"

Neben dieser beziehungsstärkenden Funktion dient die namentliche Ansprache auch zur effektiven Gesprächsführung:

„Frau Nquyen, bitte achten Sie bei der Installation der neuen Software unbedingt darauf ..."

Wenn Sie den Namen zu Beginn eines Satzes als Einleitung nutzen, wird Ihr Gesprächspartner aufmerksam. Dies erleichtert Ihnen die Führung. Der Name ist auch das einzige Wort, mit dem Sie einen Kunden, zur Not in einem allzu langen Wortschwall, unterbrechen dürfen.

„Frau Nquyen, entschuldigen Sie, dass ich Sie unterbreche ..."

Aber Achtung: Tun Sie dies wirklich nur im Ausnahmefall, und sprechen Sie den Namen des gerade abschweifenden Kunden dann voller Zuneigung aus, sodass er sich nicht unangenehm ertappt fühlt.

Nun könnte man denken, so ein wundervolles Führungsinstrument, das nebenbei noch beziehungsstärkend wirkt, sollte man doch so oft wie möglich einsetzen.

Jetzt muss ich mich doch einmal zu Wort melden. Mein Name tut ja nichts zur Sache, und ich finde es sehr irritierend, wenn ich ständig daran erinnert werde, wie ich heiße! Das legt doch die Vermutung nahe, dass man sonst nichts zu sagen hätte.

Da sprechen Sie mir aus der Seele, Frau Dr. Krittel. Das zu häufige mit dem Namen ansprechen wirkt schnell aufgesetzt und ist im deutschen Sprachraum nicht üblich. Außerdem kann es dem Kunden das Gefühl vermitteln, manipuliert zu werden, da es Assoziationen zu aufdringlichen Verkaufsgesprächen wecken kann. Dale Carnegies Buch erschien erstmals 1937 und seine Botschaft wurde inzwischen von so vielen Verkäufern umgesetzt, dass das zu häufige Ansprechen mit dem Namen bei manchen Menschen innere Alarmglocken läuten lässt.

Der Name ist ein Signalwort, das automatisch Aufmerksamkeit erzeugt. Wird dieses Signal zu oft gesandt, kann dies für den Kunden anstrengend werden. Wir sind es von Kindesbeinen an gewohnt, dass dem eigenen Namen eine ernstzunehmende Botschaft folgt:

„Lieselotte, räum sofort dein Zimmer auf.“

„Ernst-August, was ergibt 7 mal 8?“

Später im Erwachsenenleben kann sich dies mit Situationen wie

„Frau Redemeier, kommen Sie bitte sofort in mein Büro.“

fortsetzen.

Darum meine persönliche Empfehlung: übertreiben Sie es nicht. Nutzen Sie den Namen in Phase 1 und 4 jeweils einmal und in Phase 2 und 3 dann, wenn ...

[1] Sie Ihre Gesprächsführung stärken möchten oder wenn Sie Schwierigkeiten haben, sich bei einem Vielredner Gehör zu verschaffen. (Name als Satzeinstieg!)

[2] Sie persönliche „herzliche“ Botschaften senden, wie Komplimente oder persönliche Wünsche. (Name im Satz oder am Satzende)

[3] der Kunde Sie auch mit dem Namen anspricht – das schafft Augenhöhe und ist eine Form des Pacings.[42]

[4] der Kunde zwischendurch warten musste, weil Sie z.B. etwas für ihn nachgefragt haben. Dann klingt das Abholen mit dem Namen „Herr/Frau Kunde, danke dass Sie gewartet haben“ viel netter als „Hören Sie?“

7.2.2 Aktivitäten hörbar machen

Aktivitäten hörbar machen bedeutet, dass Tätigkeiten, die parallel zum Telefonat stattfinden, kurz verbalisiert oder angekündigt werden, sodass Sie keine unnötigen Irritationen erzeugen.

Manche Nebentätigkeiten haben gar nichts mit dem Telefonat zu tun. Vor kurzem war ich zum Beispiel alleine im Büro, als während eines Kundentelefonats ein Paketbote kam. Ich hob kurz die Hand, um zu signalisieren, dass ich gleich für ihn da wäre, was er souverän ignorierte und mir seinen Handscanner zum Unterschreiben unter die Nase hielt. Jetzt war klar, dass meine fehlende Präsenz und das Geraschel sicher auch meinen Gesprächspartner nicht entgehen würden.

---

[42] Vgl. Abschnitt 4.7: Der Kunde gibt den Ton an

„Herr Kunde, entschuldigen Sie bitte. Vor meinem Schreibtisch steht gerade jemand, der mir etwas überreichen möchte – ich bin gleich wieder ganz Ohr“, erklärte ich kurz die Situation.

Aktivitäten, die nichts mit dem Telefonat zu tun haben, sollten natürlich die Ausnahme sein. Trotzdem gibt es immer mal wieder solche Anlässe:

- Das Fenster ist offen, und draußen entsteht plötzlich Lärm durch Sirenen oder bellende Hunde. Sie schließen das Fenster während des Telefonats.
- Ihr Vorgesetzter oder ein Kollege steht mit einem ganz wichtigen Anliegen vor Ihrem Schreibtisch und gestikuliert wild.
- Ihnen fällt ein Glas Wasser um, und Sie müssen Ihre Unterlagen und technische Geräte retten.

Mein Tipp: Sprechen Sie Störungen kurz an, ohne zu dramatisieren, und bitten Sie um einen Moment Geduld oder bieten Sie einen Rückruf an. Dies ist in den meisten Fällen weniger irritierend, als seltsame Nebengeräusche und die Veränderung Ihres Stimmklangs.

Normalerweise haben Aktivitäten während des Gesprächs direkt etwas mit dem Gespräch zu tun. Bei den meisten Nebentätigkeiten handelt es sich um Recherche oder Dokumentation, die parallel zum Gespräch laufen. Sie sehen zum Beispiel im Kalender nach, wann der nächste Termin frei ist oder prüfen Rechnungsdaten in Ihrem Buchhaltungssystem. Kündigen Sie diese Aktivitäten kurz an, sodass Ihr Kunde weiß, warum eine Pause entsteht und nicht fragt: *„Sind Sie noch dran?“* Vermeiden Sie dabei jedoch zu viel interne Informationen, die für den Kunden uninteressant sind.

bloß nicht!

„Ich wechsle jetzt noch mal von unserem Kundendatenbanksystem XY in das neue System für die Rechnungserstellung, das bei uns auf dem Laufwerk 123 liegt, um mich dann mit meinem Nutzernamen einzuloggen, da finde ich dann…“

Es geht darum, dass ein Anrufer erkennt, dass gerade etwas **für ihn** passiert und er nicht nutzlos wartet, während der Mitarbeiter irgendwas in die Tastatur hämmert (wahrscheinlich eine Mail an einen anderen Kunden oder gar was Privates?).

„Einen Augenblick bitte, ich suche die Rechnung **für Sie** raus, dann gehen wir sie gemeinsam Punkt für Punkt durch.“

Vermeiden Sie auch negativ über das eigene Unternehmen und die verwendete Hard- und

Software zu sprechen (was oft gar nicht so einfach ist, vor allem wenn man sich gerade über die Technik ärgert):

„Mist, das kann dauern – jetzt ist schon wieder alles abgestürzt. Sie können sich gar nicht vorstellen mit welchen alten Möhren wir hier arbeiten müssen. Und die Kundendatenbank platzt aus allen Nähten, aber bis die da oben mal was Neues anschaffen, muss ja erst richtig was passieren."

bloß nicht!

„So, die Abfrage läuft. Einen Moment bitte: Das System sucht Ihre Daten jetzt raus"

besser so!

Und wenn es wirklich lange dauert:

„Es laufen gerade einige Anfragen parallel. Darf ich Sie gleich zurückrufen, sobald das Ergebnis da ist, oder möchten Sie gerne in der Leitung warten?"

Das Formulieren von Aktivitäten hat den positiven Nebeneffekt, dass der informierte Kunde meist dankbar schweigt und nicht pausenlos weiterspricht, während der Mitarbeiter versucht, Informationen, die er dem System entnehmen kann, zu deuten.

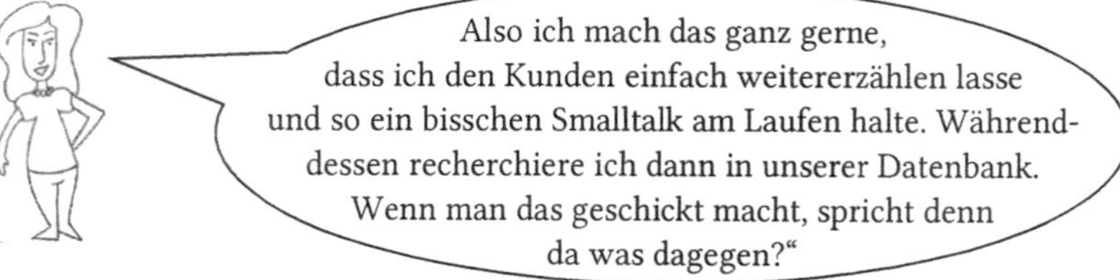

Die These des Multitaskings ist inzwischen hinreichend wissenschaftlich widerlegt. Neben einer Verlängerung der Reaktionszeiten zeigen sich bei Untersuchungen auch erhöhte Fehlerraten.[43]. Dies bedeutet, dass es keine gute Idee ist, ein wenig „Smalltalk" mit dem Kunden zu machen, während Sie einen Vorgang im System prüfen. Sie werden weder präsent zuhören und adäquat reagieren noch konzentriert lesen oder schreiben können. Ausnahme sind natürlich Wartezeiten, also wenn Sie tatsächlich länger auf eine Abfrage warten müssen. Dann können Sie natürlich parallel z.B. mit der Bedarfsanalyse fortfahren:

„Das System sucht jetzt den Vorgang raus. Bis wir das Ergebnis haben, sagen Sie mir bitte ..."

---

[43] Vgl. u.a.: Weißbecker-Klaus: Multitasking und Auswirkungen auf die Fehlerverarbeitung. Psychophysiologische Untersuchung zur Analyse von Informationsverarbeitungsprozessen 2014.

7.3 Standards in Phase 4

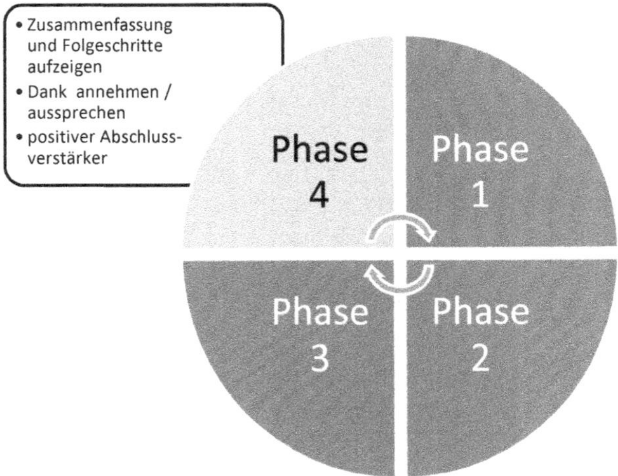

In Phase 4 schaffen die Standards Verbindlichkeit und sichern ab, dass der Kunde mit einem guten Gefühl aus der Leitung geht.

7.3.1 Verbindlichkeit durch Zusammenfassung und Folgeschritte

Am Ende des Gesprächs fasst der Mitarbeiter für den Kunden zusammen, was besprochen wurde. Damit stellt er sicher, dass sich der Kunde nach dem Gespräch an Wichtiges erinnert. Gleichzeitig gibt er ein Schlusssignal. Ohne zu sagen:

- Das war dann ja wohl alles, oder?“
- „Äh ja wissen Sie, die Warteschleife ist lang, und mein Chef guckt schon ganz böse, deshalb müssen wir jetzt mal Schluss machen.“

bloß nicht!

Ohne Witz: Das habe ich tatsächlich genauso schon bei einem Training on-the-Job gehört! Der Kunde hat übrigens sehr einfühlsam reagiert („Schlimm, diese modernen Sklavenhalter", hat er sich sicher gedacht oder „So wenig ist diesem Unternehmen der Kunde in Wahrheit wert“). Professionell geben Sie das Schlusssignal mit Satzanfängen wie:

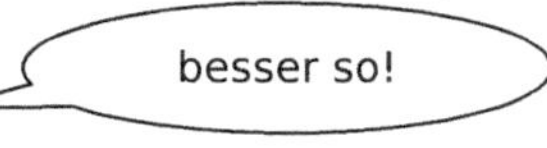

- „Frau/Herr Müller, ich fasse kurz zusammen: ...“
- „Frau/Herr Mayer, wir haben jetzt gemeinsam folgendes gemacht ...“
- „Frau/Herr Schmitz, gut, dann haben wir jetzt ...“

Danach formulieren Sie kurz wichtige Folgeschritte. Vor allem, wenn der Gesprächspartner nach dem Gespräch aktiv werden soll.

Achten Sie darauf, dass Sie verbal keine künstlichen Barrieren aufbauen, und sich die weitere Vorgehensweise für den Kunden umständlich, kompliziert und aufwendig anhört:

„Das Ganze klappt natürlich nur, wenn Sie mir eine Kopie Ihres Personalausweises schicken. Wenn der nicht vorliegt, bin ich machtlos, da kann ich dann nichts für Sie in die Wege leiten.“

„Und bitte: Wir haben das so oft, dass die Fahrer uns zurückmelden, dass die Kunden nicht auf die SMS reagieren. Vergessen Sie bitte nicht Ihr Handy zu laden und schauen Sie wirklich regelmäßig drauf. Sie glauben gar nicht wie oft das schief geht.“

„Also, wie schon besprochen, Sie gehen dann auf unsere Homepage, gehen auf die Anzeige (also genau auf die Anzeige, auf die Sie sich bewerben wollen, nicht auf eine andere). Das ist nämlich bei uns anders als bei den meisten Unternehmen und führt oft zu Verwirrung. Klicken Sie da auf Bewerbungs-Upload. Dann müssen Sie Ihre Bewerbungsunterlagen als PDF hochladen, das steht dann da auch noch mal ausführlich beschrieben, aber ich sage es Ihnen zur Sicherheit noch mal. Und ich sage es Ihnen zur Sicherheit noch mal, achten Sie darauf, dass die Unterlagen nicht größer als 10 MB sind, sonst....“

besser so!

„Schicken Sie mir bitte eine Kopie Ihres Personalausweises, dann leite ich alles Weitere in die Wege.“

„Wichtig ist, dass Sie auf die SMS des Fahrers zeitnah reagieren, dann klappt das auf jeden Fall.“

„Dann freue ich mich, Ihre Bewerbungsunterlagen nächste Woche in Händen zu halten. Falls noch Fragen zum Hochladen der Bewerbung entstehen, rufen Sie mich einfach kurz an.“

7.3.2 Der Dank am Ende

Oft fällt mir auf, dass Mitarbeiter gar nicht bemerken, dass Kunden sich am Ende eines Gesprächs bedanken und einfach darüber hinweggehen. Ich finde das immer schade. Wenn der Kunde sich bei Ihnen bedankt, nehmen Sie den Dank an. Also nicht ignorieren oder:

„Nichts zu danken.“

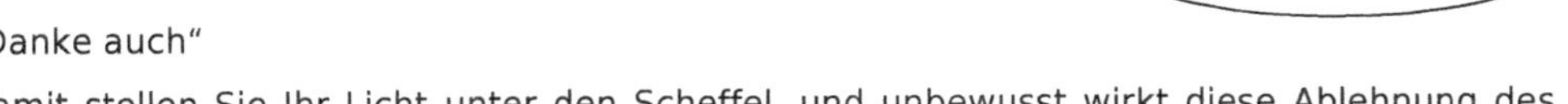

„Nicht dafür“

„Danke auch“

Damit stellen Sie Ihr Licht unter den Scheffel, und unbewusst wirkt diese Ablehnung des Dankes auch als Bruch in der Kommunikation.

Stellen Sie sich vor, Sie möchten einer Freundin einen Strauß Blumen schenken, weil diese Sie in einer Angelegenheit, die Ihnen wichtig war, unterstützt hat. Wie fühlt es sich an, wenn die Blumen nicht angenommen werden? Ich bin sicher, Sie geben mir recht, dass es sich besser anfühlt, wenn die Freundin die Blumen annimmt und sich darüber freut!

Also nehmen auch Sie die Blumen in Form des Dankes des Kunden an:

„Gerne geschehen.“

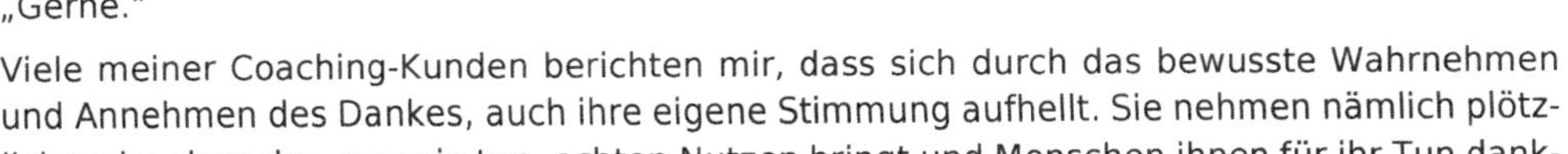

„Das habe ich gerne gemacht!“

oder einfach

„Gerne.“

Viele meiner Coaching-Kunden berichten mir, dass sich durch das bewusste Wahrnehmen und Annehmen des Dankes, auch ihre eigene Stimmung aufhellt. Sie nehmen nämlich plötzlich wahr, dass das, was sie tun, echten Nutzen bringt und Menschen ihnen für ihr Tun dankbar sind.

Natürlich gibt es auch Situationen, in denen Sie sich selbst bei Kunden bedanken möchten, z.B. weil ein Kunde einen neuen Vertrag abgeschlossen hat, oder weil ein Kunde sich Zeit genommen hat, um Ihnen ein Feedback zu geben. Achten Sie dann darauf, dass Sie nicht einfach nur Danke sagen, sondern Ihren Dank kurz begründen. Das wirkt viel persönlicher und glaubhafter. Und zwar nicht einfach nur:

„Ja, dann Danke fürs Gespräch."

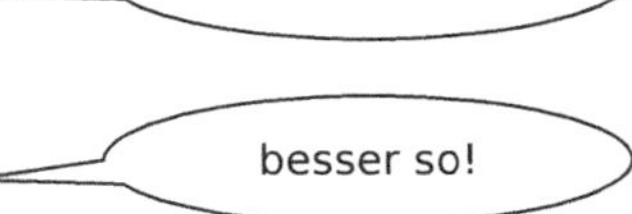

Sondern:

„Danke für Ihr Vertrauen. Ich freue mich, dass Sie den Vertrag verlängert haben."

„Danke für Ihre Offenheit. Ich bin froh, dass Sie uns so konkret geschildert haben, warum Sie unzufrieden waren, und wir jetzt etwas verändern können."

7.3.3 Durch einen positiven Abschluss gut in Erinnerung bleiben

"Wenn wir irgend etwas unterschätzen in unserem Leben – dann ist es die Wirkung der Freundlichkeit", soll Marc Aurel gesagt haben.

In diesem Sinne empfehle ich Ihnen, Ihrem Gesprächspartner einen positiven Wunsch mit auf den Weg zu geben. Ihr ausgesprochener Wunsch wirkt wie ein positiver Abschlussverstärker. Natürlich ist es ideal, wenn ein Anrufer mit einem Lächeln aus der Leitung geht und das Gespräch und somit die Dienstleistung des Unternehmens gut in Erinnerung bleiben. Und selbst wenn ein Kunde mal nicht mit dem Gesprächsergebnis zufrieden ist, sollte er zumindest Sie als freundlichen Mitarbeiter in Erinnerung halten.

Wenn ein Kunde ein neues Produkt von Ihnen erworben hat, können Sie ihm zum Beispiel „viel Freude daran, Spaß oder Erfolg damit" wünschen:

- „Frau/Herr ..., dann wünsche ich Ihnen viel Spaß/Freude/Erfolg mit ..."

Andere Beispiele für einen positiven Abschluss sind:

- „Frau/Herr ..., schönen Tag / schönen Feierabend, schönes Wochenende."
- „Schön, dass Sie angerufen haben, Frau/Herr ..."
- „Ich wünsche Ihnen einen schönen Urlaub in/auf ... , Frau/Herr ..."

Und wenn Sie wissen, dass Ihr Gesprächspartner gerade eine schwere Zeit durchmacht, passt vielleicht:

- „Alles Gute für Sie, Herr/Frau ..."

Wenn Sie den Kunden nicht bereits zuvor in Phase 4 mit dem Namen angesprochen haben, tun Sie es spätestens jetzt. Das macht Ihren Wunsch ganz besonders persönlich.

Meistens wird direkt nach dem positiven Abschlussverstärker aufgelegt. Manche Gesprächspartner sagen aber auch noch „Tschüss", „Ciao", „bis dann" oder ein förmliches „Auf Wiederhören". Spiegeln Sie dies einfach.

8 Fragetechnik

Eine der häufigsten Fragen der Teilnehmer meiner Telefonseminare lautet: „Wie komme ich schneller zum Ende?" oder „Wie kann ich Telefonate effektiver gestalten?" Neben dem Aufgreifen des Anliegens in Phase 1 ist die Fragetechnik in Phase 2 die wichtigste Effektivitätsstrategie. Erfahrungsgemäß macht sich die Zeit, die Sie für das Aufgreifen des Anliegens und eine gründliche Bedarfsanalyse in Phase 2 aufwenden in Phase 3 und 4 bezahlt. Wirklich lang wird ein Gespräch meist nur, weil wir

- den Kunden nicht richtig verstanden haben,

oder

- der Kunde sich von uns nicht verstanden fühlt.

Durch das aktive Zuhören[44] sichern Sie diese Verständigung ab. Doch wenn Sie das Fragen stellen Ihren Kunden überlassen und immer nur antworten, bestimmt dieser alleine den Weg und das Gesprächsziel. Das klingt im ersten Moment sehr kundenorientiert - ist es aber nicht. Denn Sie lassen den Kunden damit viele Umwege fahren, die in Sackgassen führen, und erzeugen unnötig Zeitaufwand und Frustration.

Als Experte kennen Sie viel besser als Ihre Kunden die wichtigen Hebel, die zur Zielerreichung bewegt werden müssen, während der Kunde mit seinen Fragen nur experimentell viele Knöpfe drückt, um auszuprobieren, was noch funktionieren könnte.

---

[44] Vgl. Abschnitt 5.2.2

8.1 Kein Verhör, bitte!

Fragen sind etwas Tolles. Sie sind wie eine Taschenlampe im dunklen Raum, je nachdem, wohin man leuchtet, eröffnen Sie neue Perspektiven und Wege. Deshalb sind Haltungen wie:

- Man kann ja mal fragen.
- Fragen kostet nix.
- Wer nicht fragt bleibt dumm.

erstmal zu begrüßen. Die Fragefreude hat aber auch Grenzen. Eine konkrete Grenze ist die Augenhöhe. Deshalb möchte ich einschränken: Ja, fragen können Sie, aber eben doch nicht alles. Da sind zum Beispiel die *Warum*-Fragen.

Keine Warum-Fragen!

„Der, die, das,
wer, wie, was,
wieso, weshalb, warum –
wer nicht fragt bleibt dumm."[45]

Jeder, der Kinder hat, weiß, wie ausdauernd sie Fragen stellen. Vor allem die Warum-Fragen können für Eltern die reine Nervenprobe werden, da sie oft in Endlosfrageketten gestellt werden. Kinder gehen auf diese Weise Dingen auf den Grund. Sie erfragen neugierig, was dahintersteht und wie etwas funktioniert. Wenn wir diese Neugier als Erwachsene bei unserer Arbeit zeigen, hat das oft unerwartete Nebenwirkungen:

„**Wieso** haben Sie nicht früher angerufen?"

„**Weshalb** haben Sie nicht in der Bedienungsanleitung nachgesehen?"

„Wenn Sie nicht von uns angerufen werden möchten, **warum** haben Sie im Antrag dann angekreuzt, dass wir Sie kontaktieren dürfen?"

Friedemann Schulz von Thun hat mit seinem Vier-Ohren-Modell den Begriff des Beziehungsohrs entwickelt.[46] Das ist die Seite unserer Wahrnehmung, mit der wir nicht den Inhalt einer

---

[45] Liedzeile der Titelmusik der Kindersendung Sesamstraße

[46] Vgl. Friedemann Schulz von Thun „Miteinander Reden" Band 1 von 4: Störungen und Klärungen; 2014

Nachricht, sondern das, wie der Andere zu uns steht und was er von uns hält, hören. Wir reagieren sensibel, wenn wir uns nicht auf Augenhöhe behandelt fühlen.

Was hört unser Beziehungsohr bei Wieso-Weshalb-Warum-Fragen, wenn unser Gegenüber lange aus dem Kindergartenalter herausgewachsen ist? Wir verstehen die Frage nicht als aus einer Haltung der Neugier herausgestellt, sondern eher als Aufforderung zur Rechtfertigung. Gerade die Warum-Frage unterstellt eine Absicht und damit eine „Schuld". Dadurch versetzt sie uns psychologisch in die Situation eines gescholtenen Kindes: „Warum hast du dein Zimmer nicht aufgeräumt, deine Hausaufgaben nicht gemacht ...?"

So bringen Warum-Fragen den Gefragten oft in Bedrängnis: „Warum haben Sie die Vertragsbedingungen nicht gelesen und was ich auch nicht verstehe ist, warum melden Sie sich erst jetzt?"

Der Kunde hört wahrscheinlich einen Vorwurf und hat psychologisch nur zwei Möglichkeiten:

[1] Er reagiert (wie ein angepasstes Kind) reuig, sich herausredend.

[2] Er reagiert (wie ein trotziges Kind) unwirsch, sie wehrend oder seinerseits angreifend.

Beides trägt nicht zur guten Gesprächsatmosphäre bei.

Versuchen Sie lieber gemeinsam mit dem Kunden, „die Kuh vom Eis" zu bekommen, statt Schuldfragen zu klären. Arbeiten Sie in Richtung Lösung. Der Kunde hat erst jetzt angerufen, die Bedienungsanleitung nicht gelesen und hat kein Kreuz im Antrag gemacht – daran kann man jetzt nichts mehr ändern. Ja, vielleicht ist er tatsächlich „selber schuld", aber das festzustellen führt nicht weiter.

Überlegen Sie also, ob Fragen hier das Mittel der Wahl sind, oder ob Sie den Kunden nicht direkt auf Augenhöhe abholen und das Gespräch in Richtung Lösung lenken:

„Gut, dass Sie jetzt anrufen",

„Lassen Sie uns die Bedienungshinweise einfach noch mal gemeinsam durchgehen."

„Ich ändere das selbstverständlich gerne für Sie ab und notiere im System,
dass Sie in Zukunft keine Anrufe mehr erhalten möchten."

Bloß kein Verhör!

Eine andere Grenzerfahrung, die Sie Ihren Kunden ersparen sollten, ist das Verhör. Vielleicht kennen Sie das: Sie bekommen eine Frage nach der anderen gestellt und fühlen sich plötzlich ausgefragt und Sie werden misstrauisch. Worauf will der andere hinaus? Warum will er das alles wissen? Vielleicht fangen Sie an, zögerlich zu antworten oder agieren strategisch (alles was ich sage, könnte gegen mich verwendet werden).

Sie erkennen schon: das ist keine partnerschaftliche Kommunikation. Gleichzeitig gibt es natürlich Situationen, bei denen Sie unglaublich viel fragen müssen, um den unstillbaren Durst Ihres Kundendatenbanksystems zu stillen, gesetzlichen Forderungen gerecht zu werden oder einfach nur, um das richtige und tatsächlich passende Angebot zu unterbreiten.

Was können Sie tun? Mein Tipp: Schaffen Sie vorab Transparenz und holen Sie sich das Einverständnis des Kunden.

Zum Beispiel so: „Ich möchte Ihnen gerne ein passgenaues Angebot unterbreiten. Dafür stelle ich Ihnen jetzt gleich eine ganze Reihe Fragen, damit es dann auch wirklich das Richtige ist für Sie. Sind Sie einverstanden?"

Ja nicht offensichtlich manipulieren!

„Sie sind doch auch dagegen, dass Tiere gequält werden?" fragte mich in den 90er-Jahren ein junger Mann in der Fußgängerzone – hinter ihm ein Stand mit Plakaten gegen Tierversuche. Ich war sehr in Eile und spürte augenblicklich Verärgerung – was für ein blöder Trick. Trotzig antwortete ich „nein" und ging weiter meiner Wege. Natürlich bin ich dagegen, dass Tiere gequält werden! Doch der Gesprächseinstieg, der mich zu einem „ja, selbstverständlich" einladen sollte, erzeugte in mir direkt eine Abwehr.

Pech für den jungen Herrn, dass ich diese Technik bei einer Vertriebsschulung gerade selbst von einem Trainer gelernt hatte: „Suggestivfragen – der Kunde kann einfach nur *ja* sagen – und nach dem dritten *ja* schließt er jeden Vertrag mit Ihnen ab", versprach der selbsternannte Mr. Powerseller in diesem Seminar. Auch wenn ich den Herren etwas unsympathisch fand, habe ich die Technik natürlich getestet. Ich fand es gruselig und nutze Suggestivfragen nur noch in absoluten Ausnahmefällen, zum Beispiel wenn ein Kunde scheinbar mit nichts einverstanden ist. Dann nutze ich sie, um den kleinsten gemeinsamen Nenner zu finden: „Wir sind uns aber einig, dass ...?". Davon ausgehend suche ich dann mit dem Kunden gemeinsam Lösungen.

8.2 Offen, geschlossen und alternativ – Basistechnik

Grundsätzlich unterscheidet man drei verschiedene Fragearten. Die Unterscheidung bezieht sich darauf, welche Antwortoptionen der Gefragte vom Fragenden erhält:

Kann dieser 1. offen, in ganzen Sätzen antworten, oder hat er 2. nur die Option ja oder nein zu sagen, oder gibt es 3. eine *entweder* A *oder* B-Alternative, aus der der Befragte wählen kann?

8.2.1 Offene Fragen

Die offene Frage beginnt mit einem Fragewort[47]:

- wie
- was
- wo
- welche
- womit
- inwieweit

Sie laden den Gesprächspartner ein, umfassend und in ganzen Sätzen zu antworten. Bei echten offenen Fragen kommt es zwischen den Gesprächspartnern zu einem Dialog. Der Fragende zeigt Interesse am Anliegen. Besonders zu Beginn von Phase 2 des Telefonates ist diese Frageform sinnvoll, da sie die Beziehung stärkt. Sie erhalten viele Informationen und verstehen den Gesprächspartner und seine Erwartungen und Bedürfnisse besser.

Im Inbound-Gespräch bitten Sie den Anrufer mit der offenen Frage, mehr Informationen über sein Anrufanliegen preiszugeben.

Beispiele:

- „Was genau interessiert Sie an Artikel X?“
- „Was kann ich in Bezug auf X konkret für Sie tun?“
- „Was verwenden Sie bisher?“
- „Worauf legen Sie besonderen Wert?“
- „Wie schnell soll Produkt X zum Einsatz kommen?“

---

[47] Ich zähle hier wieso, weshalb, warum bewusst nicht mit auf, da diese Frageworte oft zu einem Rechtfertigungsreflex führen. Vgl. Abschnitt 8.1

Im Outbound-Gespräch (besonders bei Akquisetelefonaten) ist es zu Beginn von Phase 2 besonders wichtig, dem Gesprächspartner Interesse zu signalisieren und ihn zum Gespräch eizuladen.

Beispiele:

- „Was mich interessiert ist: Wie zufrieden sind Sie bisher mit unserem Artikel X?"
- „Wie interessant ist für Sie die Verbesserung Ihrer Arbeitsabläufe in Bezug auf Thema X?"
- „Welche Erfahrungen haben Sie mit Thema X bisher gemacht?"
- „Was ist Ihnen wichtig in Bezug auf Produkt X?"
- „In welchem Bereich von Ablauf X sehen Sie Verbesserungspotenzial?"

Offene Fragen empfehlen sich auch, wenn ein Kunde verärgert ist und Sie nicht sicher sind, was er erwartet. Sie eignen sich damit besonders für das Behandeln von Einwänden, Reklamationen und zur Klärung von Missverständnissen.

Beispiele:

- „Ich möchte Ihnen gerne weiterhelfen, um was geht es Ihnen genau?"
- „Was gilt es jetzt konkret zu verbessern?"
- „Welche Erwartungen haben Sie jetzt an uns?"
- „Wie sollte der nächste Schritt Ihrer Meinung nach aussehen?"

Gerade wenn Sie einen sehr schweigsamen Kunden am Telefon haben, können Sie versuchen, das Gespräch mit offenen Fragen besser in Fluss zu bringen.

Einige W-Fragen bringen zwar für den Fragenden neue Informationen, führen jedoch nicht zu einem echten Gesprächsfluss. Es sind Fragen wie:

„Wie heißen Sie?"

„Welche Farbe hat Ihr Auto?"

Diese Fragen sind nur scheinbar offen, da eine kurze Antwort zu erwarten ist. Deshalb ist es nicht in erster Linie das W-Fragewort, an dem Sie eine offene Frage erkennen, sondern die Länge der Antwort des Gesprächspartners. Nur wenn Ihr Gesprächspartner mehr als einen 3-Wort-Satz formuliert, handelt es sich um eine offene Frage.

8.2.2 Geschlossene Fragen

Geschlossene Fragen können nur ganz kurz z.B. mit *Ja* oder *Nein* beantwortet werden. Vielleicht erinnern Sie sich noch an die Quizsendung „Was bin ich? Das heitere Berufe-Raten" mit Robert Lembke, die bis 1989 im deutschen Fernsehen ausgestrahlt wurde. Ja-Nein-Spiele gibt es in vielen Varianten, wie „Ich sehe was, was du nicht siehst" oder bei den „Black Stories"[48]. Allen ist gemeinsam, dass das Erfassen eines Sachverhalts dadurch erschwert wird, dass offene Fragen verboten sind.

Doch geschlossene Fragen können die Gesprächsführung auch erleichtern. An der richtigen Stelle eingesetzt, bekommt man durch geschlossene Fragen konkrete Informationen, die leicht auswertbar sind. Sie eignen sich für die straffe Gesprächsführung, wenn das Anliegen geklärt ist und bereits eine gute Beziehungsebene geschaffen wurde.

Außerdem eignet sich die geschlossene Frage dazu, „den Sack zuzumachen". Damit ist gemeint, dass man vom Kunden eine Entscheidung zu einem Vorschlag erhält.

Beispiele:

- „Sind Sie damit einverstanden?"
- „Sollen wir das so machen?"
- „Können wir das so festhalten?"
- „Wollen wir das so umsetzen?"

In dieser Eigenschaft eignen sich geschlossene Fragen gut für den Abschluss von Phase 3 des Telefonates. Gegebenenfalls wird die Gesprächszeit dadurch verkürzt. Anzuwenden ist die geschlossene Frage auch bei den sogenannten Vielrednern (wobei es Plaudertaschen auch schaffen auf geschlossene Fragen in ganzen Sätzen zu antworten.)

8.2.3 Alternativfragen

Alternativfragen sind „entweder-oder"-Fragen, bei denen zwei Optionen angeboten werden, die zur Wahl stehen.

Beispiel:

„Mögen Sie lieber italienisches oder chinesisches Essen?"

---

[48] Bei den Black Stories handelt es sich um ein Kartenspiel mit kniffeligen und morbiden Rätselgeschichten. Die Spieler müssen anhand einer beschriebenen Szene die Rahmenhandlung erraten. Sie dürfen dabei nur geschlossene Fragen verwenden.

Die Alternativfrage dient also dazu, eine Entscheidung beim Gesprächspartner herbeizuführen. Dieser erhält einen Antwortspielraum, aber das Gespräch bleibt dennoch steuerbar.

Durch eine geschickte Alternativfrage können Sie die Wahrscheinlichkeit, dass es zu einer Entscheidung in Ihrem Sinne kommt, erhöhen.

Zum Beispiel wenn Sie einen Beratungstermin vereinbaren möchten:

- Statt geschlossen: „Möchten Sie einen Termin mit dem Kundenberater vereinbaren?"
- Alternativ: „Möchten Sie den Kundenberater lieber bei uns in der Filiale besuchen, oder soll er zu Ihnen nach Hause kommen?"

Die Alternativfrage kann auch Ihre Wiedervorlageliste bei Outbound-Gesprächen verkürzen. Gerade beim Nachtelefonieren von schriftlichen Angeboten empfiehlt sich diese niedrigschwellige Herangehensweise, wenn die meisten Kunden keine Zeit dafür finden, sich mit den Angeboten zu befassen: „Oh, ich habe das zwar kurz überflogen, müsste das aber noch mal genauer ansehen ..."

Beispiel:

- Statt offen: „Wie haben Ihnen unsere Produktproben, die wir Ihnen zugesandt haben, gefallen?"
- Alternativ: „Welche der Produktproben haben Ihnen besser gefallen: die unifarbenen oder die mit Muster?"

Oft sind die Lösungen, die ein Unternehmen einem Kunden bietet, nicht die Lösungen, die der Kunde sich wünscht. In diesem Zusammenhang nenne ich die Alternativfrage spaßhaft bei Schulungen die „Pest oder Cholera-Frage". Statt Kunden langwierig zu erklären, warum es bestimmte Lösungen nicht gibt, empfehle ich Ihnen, die Lösungen, die das Unternehmen bietet, als Alternativen vorzuschlagen. Bieten Sie also eine vordefinierte Richtung an und vereinfachen Sie dadurch das Gespräch.

Beispiele:

- **Statt:** „Es tut mir leid, ich kann Ihnen heute am Freitag keinen Termin mehr anbieten, da ist wirklich nichts zu machen ... Reicht es Ihnen denn auch noch am Montag?"
- **Besser direkt:** „Wann passt es Ihnen besser: nächste Woche Montag um 11 Uhr oder lieber Dienstagnachmittag 14 Uhr?"
- **Statt**: „Es tut mir leid, Herr Müller ist heute nicht im Haus, ich kann Sie nicht weiterverbinden, und mit Ihrem Anliegen kann Ihnen ansonsten hier leider niemand weiterhelfen."

- **Besser direkt**: „Herr Müller ist morgen wieder im Haus: Soll er Sie dann zurückrufen oder möchten Sie ihm lieber eine E-Mail schreiben?"

Überraschenderweise lassen sich so viele Diskussionen vermeiden und der Kunde greift instinktiv nach einer der angebotenen Alternativen.

8.3 Systemisch – Fragetechnik für Fortgeschrittene

Im Folgenden geht es um offene, *systemische* Fragen, die sich für besondere Situationen eignen. Ich schreibe hier ganz bewusst für besondere Situationen, da sie etwas anspruchsvoller sind und sich nicht für kurze Gespräche eignen. Sie bringen automatisch mehr Tiefe in die Kommunikation und bewirken oft unerwartete Wendungen in Gesprächen. Damit sind sie besonders geeignet, um Gesprächsblockaden zu lösen.

Systemische Fragen werden normalerweise von Coachs oder Beratern eingesetzt, und ihr gekonnter Einsatz zeugt von einer hohen Gesprächsqualität. Systemische Fragen sind die Fragen, die nicht direkt zur Lösung führen, sondern ein Problem umkreisen (zirkulär) oder sich an eine Lösung herantasten, in dem sie Hypothesen aufstellen.

Sie sind nützlich, wenn ein Anliegen oder Problem für Sie nicht greifbar ist, und Sie gar nicht verstehen, um was es dem anderen eigentlich geht. Die Lösung und der Weg zu ihr stehen für Sie vollkommen im psychologischen Nebel.

Dadurch bieten sie außergewöhnliche Pfade, die für besondere Herausforderungen gefragt sind, zum Beispiel bei schwierigen Gesprächssituationen oder Akquise-Gesprächen. Es geht hier nicht darum, dass dieses Gespräch möglichst kurz wird, sondern Probleme nachhaltig zu lösen bzw. echtes Interesse zu erzeugen.

Doch Vorsicht: Voraussetzung sind Vertrauen und eine Bereitschaft – von beiden Seiten – sich zu öffnen. Keinesfalls sollten systemische Fragen dazu führen, dass sich der Gesprächspartner ausgehorcht oder manipuliert fühlt. Sobald das Gefühl einer nicht transparenten Absicht entsteht, ist der Einsatz von systemischen Fragen kontraproduktiv.

Hier ein paar Beispiele für verschiedene Gesprächsanlässe, bei denen Sie systemische Fragen erproben können.

8.3.1 Keine Ahnung, was der will!

Das Gespräch dreht sich im Kreis und Sie haben schon alles probiert, um den Kunden zufrieden zu stellen.

Wenn Sie sich unsicher sind, was ein Kunde eigentlich für eine Lösung erwartet, und Sie das Gefühl haben, dass Sie trotz Aufgreifen des Anliegens immer noch nicht wirklich den Kern erfasst haben eignet sich z.B. folgende Fragen zur Klärung des Anliegens und des Gesprächsziels:

- „Was soll bei unserem Gespräch passieren, damit Sie zufrieden auflegen?“
- „Vorausgesetzt, dieses Gespräch erweist sich am Ende als nützlich für Sie, woran werden Sie das merken? (Woran Ihr Chef? Ihre Mitarbeiter? Ihre Kollegen?)“
- „Was ist für Sie das Minimum, was wir bei diesem Gespräch erreichen sollten? Was würde Ihre Erwartungen übertreffen?“

8.3.2 Festgefahren im Problemsumpf

Egal welche Lösungen Sie anbieten, Ihr Gesprächspartner hält an seinem Problem fest. Es ist unlösbar. Dahinter steht oft, dass Ihr Gegenüber sich nicht gesehen fühlt. Durch schnelle Lösungsvorschläge fühlt er sich mit all seinen Bemühungen missachtet. Wenn es so einfach wäre, das Problem zu lösen, dann hätte er das ja schon selbst geschafft.

Lassen Sie sich in diesem Fall auf das Problem ein.

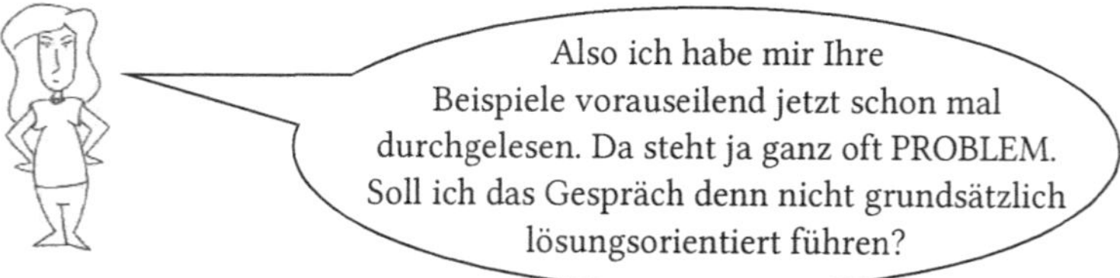

Richtig, Frau Frama: Sie fokussieren das Problem, was wirklich nur im zuvor beschrieben Ausnahmefall getan werden sollte!

- „Wie lange besteht das Problem schon?“
- „Was haben Sie bereits ausprobiert, um das Problem zu lösen?“ Zollen Sie dem Gesprächspartner Wertschätzung für seine Bemühungen.
- „Welche Auswirklungen hat das für Sie ... und wer ist noch betroffen?“

Vielleicht ist es aber auch so, dass es sich um ein Problem handelt, das Sie nicht kurzfristig lösen können. Es gibt nur kleine Möglichkeiten zu Problemmilderung, da eine echte Lösung zu aufwändig, zu teuer oder langwierig ist. Forschen Sie nach Ausnahmen und kleinen Unterschieden, an denen Sie bei der Problemmilderung ansetzen können:

- „Wie oft, wie lange, wann ist das Problem bisher nicht (oder weniger stark) aufgetreten?"
- „Gab es etwas, wodurch das Problem sich verschlimmert hat?" *Wenn es etwas gab, was das Problem verschlimmert hat:* „Was könnten wir tun / auf was sollten wir achten, damit das nicht wieder passiert?"
- „Gab es etwas, wodurch das Problem sich ein wenig verbessert hat?" *Wenn es etwas gab, was das Problem ein wenig verbessert hat:* „Was könnten wir tun, um das zu verstärken?"
- „Gesetzt den Fall, wir könnten Ihnen das Produkt / die Leistung zu denen von Ihnen gerade genannten Optionen liefern: Was wäre anders? Was wäre dann gelöst, was wäre noch offen?"
- „Jetzt nur mal ganz hypothetisch: Was müssten Sie selbst tun, um das Problem zu verschlimmern / was müssten wir tun, damit sich Ihr Problem weiter verschlimmert?"

Bei der letzten Frage handelt sich hier um die sogenannte Kopfstandtechnik[49], die als Kreativitätstechnik oft unerwartete Ideen hervorbringt, die es natürlich gilt, wieder vom Kopf auf die Beine zu stellen. Weitere Möglichkeiten, um vom Problem zur Lösung zu kommen, bieten folgende Fragen:

- „Woran würden Sie konkret merken, dass das Problem gelöst ist?"
- „Nur rein hypothetisch: Wenn Sie morgen aufwachen würden und wir hätten das Problem über Nacht gelöst, an was würden Sie es als Erstes merken?"[50]
- Wenn wir in einem Monat wieder telefonieren, und nehmen wir an, vieles hätte sich dann zum Besseren gewendet, was würden Sie mir vermutlich erzählen?
- „Angenommen, wir fänden eine Lösung für ..., was ist Ihnen darüber hinaus noch wichtig?"

---

[49] Edward de Bono, Serious Creativity: Die Entwicklung neuer Ideen durch die Kraft lateralen Denkens. 1996

[50] Angelehnt an die „Wunderfrage" von Steve de Shazer: Clues: Investigating Solutions in Brief Therapy 1988

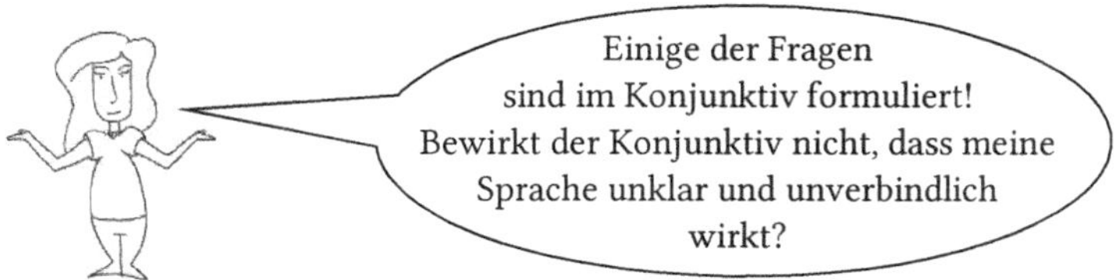

Ja, Frau Frama, der Konjunktiv gibt dem Gesprächspartner viel Interpretationsspielraum und größtmögliche Freiheit. Und genau das wünschen wir uns in diesem Fall auch.

8.3.3 Wenn die Lösung das Problem ist

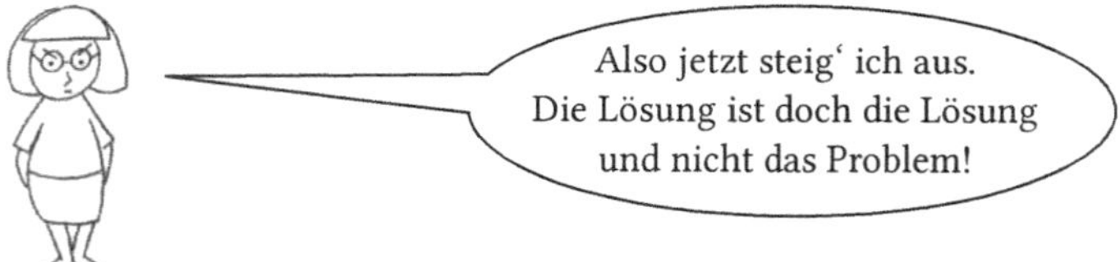

Frau Dr. Krittel, stellen Sie sich vor, Ihnen ist es zu warm im Büro und Sie öffnen das Fenster. Ein kühler Windzug kommt herein. Nun ist es Ihnen nicht mehr zu warm. Das Öffnen des Fensters ist Ihre Lösung. Ihre Kollegin ist aber sehr zugempfindlich, und sie schreitet direkt ein und bittet Sie, das Fenster wieder zu schließen. Für Ihre Kollegin ist Ihre Lösung ein Problem.

Lösungen haben immer auch Auswirkungen, die über die Lösung hinausreichen. Wenn Sie also Lösungen für komplexere Probleme entwickeln, die sich nicht so einfach wieder rückgängig machen lassen (wie das Fenster schließen), und es Ihnen wichtig ist, dass Ihr Kunde langfristig glücklich ist mit einer Lösung, empfehle ich, nach den Auswirkungen zu fragen:

- „Welche Auswirkungen hätte diese neue Lösung (auf ...)?
- „Wen sollten wir außer Ihnen unbedingt noch bei der Lösungsfindung mit ins Boot nehmen?“
- „Wenn das Problem gelöst wäre, wer wäre froh darüber, wer würde das ggf. (aber auch) bedauern?“
- „Angenommen, Ihre Frage wäre beantwortet, welches Thema / welche Frage würden sich dann für Sie neu ergeben?“

Fragen Sie vor Problemlösungen ruhig auch, was auf jeden Fall beibehalten bleiben soll, bevor Sie das sprichwörtliche Kind mit dem Bade auskippen:

- „In welchen Bereichen sind Sie trotz des Problems zufrieden mit (dem Produkt / der Leistung)? Was soll sich (auf keinen Fall) ändern?"
- „Was möchten Sie /was sollen wir auf jeden Fall beibehalten?"

9 Nix als Ärger: Beschwerden

Auch wenn Sie alle Tipps dieses Buchs erfolgreich umsetzen, es lässt sich nicht verhindern, dass manche Gesprächspartner unzufrieden sind und dieser Unzufriedenheit am Telefon Ausdruck verleihen.

Beschwerden und Reklamationen sind Ausdruck der Unzufriedenheit mit einem Produkt oder einer Leistung. Die Begriffe „Beschwerde" und „Reklamation" werden oft in einem Atemzug genannt, wobei nicht jede Beschwerde gleich eine Reklamation ist. Dies trifft nur dann zu, wenn der Kunde rechtliche Forderungen stellt, z.B. eine Geld-zurück-Forderung.

Folgende 3 Beschwerdeursachen können unterschieden werden:

[1] tatsächliche Mängel

[2] Missverständnisse

[3] unrealistische Erwartungen

Die besondere Herausforderung besteht darin Kunden, deren Reklamationen aus Unternehmenssicht in Kategorie 3, also unrealistische Erwartungen fallen, die Gründe nachvollziehbar zu erläutern.

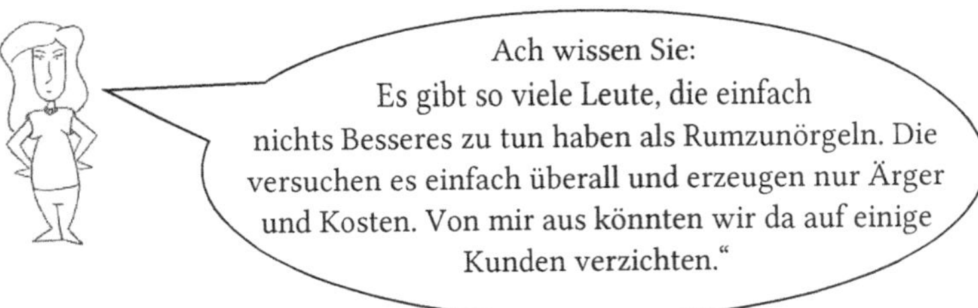

Untersuchungen zeigen, dass sich beschwerende Kunden nicht in erster Linie unzufriedene Nörgler, sondern wertvolle Feedbackgeber sind. Selbst bei Kunden, die einen triftigen Grund zur Beschwerde haben, beschweren sich mehr als 50 % nicht beim Unternehmen.[51] Das heißt natürlich nicht, dass diese Kunden sich nicht ärgern und diesem Ärger nicht auch Ausdruck verleihen. Sie tun es nur nicht beim Unternehmen selbst, sondern erzählen Familie, Freunden und Bekannten davon. Gegebenenfalls tauschen sie sich online in Bewertungsportalen, Foren und Social Media über ihre negativen Erfahrungen aus. Mit diesem negativen Feedback fügen sie dem Unternehmen echten Schaden zu.

Anhand dessen wird klar, dass im Bereich des Reklamations- und Beschwerdemanagements erhebliches Potenzial brachliegt, das von Unternehmen aktiv genutzt werden kann. Viele Kunden wandern stillschweigend zu einem anderen Anbieter ab, ohne etwas zu sagen. Aktives Reklamations- und Beschwerdemanagement bietet die Chance, solche Tendenzen nicht nur zu erkennen, sondern auch die Möglichkeit, frühzeitig Abhilfe zu schaffen.

Da der professionelle Umgang mit Beschwerden die Kundenzufriedenheit maßgeblich beeinflusst und im positiven Fall sogar die Kundenbindung verbessert, ist es für Unternehmen wichtig, Kundenbeschwerden professionell zu bearbeiten und faire Lösungen zu finden.

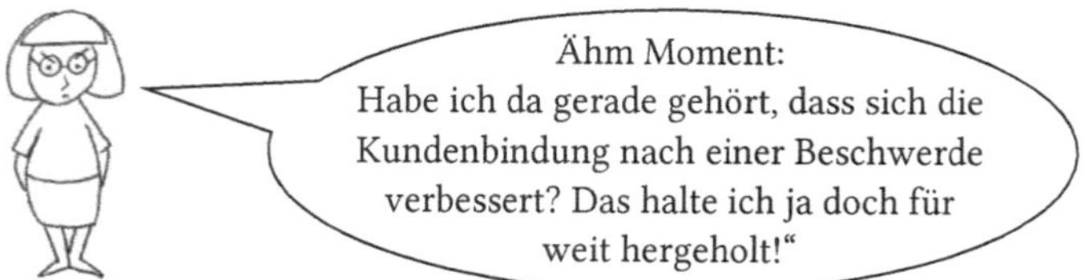

Vielleicht erinnern Sie sich daran, dass digitale Kunden, die keinen persönlichen Kontakt mit dem Unternehmen haben, sehr viel abwanderungsbereiter sind.[52] Wenn eine Reklamation zu einem guten Service-Erlebnis wird, steigt damit tatsächlich die Kundenbindung, weshalb ich Ihnen empfehle, auch bei schriftlichen Reklamationen den persönlichen Kontakt zu suchen.

---

[51] Studie von Wissenschaftlern der Zeppelin Universität Friedrichshafen und der Universität Münster; Befragung von rund 16.000 Verbrauchern. Nachzulesen in Christian Brock: Beschwerdeverhalten und Kundenbindung – Erfolgswirkungen und Management der Kundenbeschwerde. 2009

[52] Vgl. Abschnitt 2.3: Telefonischer Kundenservice: Kosten-Nutzenanalyse

In Kapitel 11 finden Sie einen praktischen Gesprächsleitfaden. Schritt für Schritt wird aufgezeigt, wie eine Reklamation professionell telefonisch aufgenommen und das Gespräch (auch ohne direkte Lösung) positiv abgeschlossen werden kann.

9.1 Bei Beschwerden professionell reagieren

Professionell auf Beschwerden zu reagieren, erfordert einen Perspektivwechsel. Dazu ist der erste Schritt sich bewusst zu machen, dass eine Beschwerde aus Kundensicht immer einen guten Grund hat Es gibt also immer zwei Sichtweisen.

Hier einige Beispiele:

Aus Perspektive des Mitarbeiters	Aus Perspektive des Kunden
Der Kunde hat sein Anliegen so umständlich formuliert, dass ich ihn einfach missverstehen musste, und er mit seinen Fragen noch mehr als einen Kollegen von der Arbeit abgehalten hat.	Es gibt keine festen Ansprechpartner für mein Anliegen im Unternehmen, sodass ich mich erst ganz mühsam durchfragen musste.
Der Kunde versteht das Produkt einfach nicht, macht laufend Bedienfehler und nervt mit ständigen Anrufen.	Die kennen ihre Produkte anscheinend selbst nicht – niemand kann mir hier kompetent weiterhelfen, und dann werden sie auch noch patzig.
Wir haben im Moment total viel Stress, und wir bräuchten dringend eine Schulung für die Bedienung der neuen Telefonanlage.	Erst warte ich ewig in der Warteschleife. Dann schmeißt mich der Mitarbeiter bei der Weiterleitung an die Fachabteilung auch noch aus der Leitung, sodass ich noch mal anrufen und warten muss.
Jeden Tag rufen zig Kunden an und wollen Produkt X bestellen. Wir können doch auch nichts dafür, dass die Produktion da im Moment nicht mehr nachkommt. Und zwei Wochen Wartezeit sind jetzt ja auch nicht	Die werben überall für X und dann will man bestellen und sie können gar nicht liefern! Da fühlt man sich doch veräppelt. Und dann meint der Mitarbeiter noch zu mir, dass ich ja vorbestellen könnte. In

die Welt – wie die sich zum Teil anstellen, als hinge ihr Leben davon ab.	zwei Wochen wäre es dann da. Das ist ja wie ein Restaurant das Schweinebraten auf der Karte hat, und wenn der Gast bestellt, muss erst die Sau zum Metzger gebracht werden.
Der Fehler ist inzwischen ja bekannt und mit einem Software-Update ganz leicht zu beheben. Fehler passieren nun mal und wir tun ja auch alles, damit der Kunde das Produkt nutzen kann. Dass wir jetzt nicht jedem Kunden eine Gutschrift machen können, ist doch wohl klar, oder?	Ich habe ein teureres Gerät erworben und ich erwarte, dass es einwandfrei funktioniert. Das Software-Update ist für mich keine Lösung – schließlich ist das meine Zeit und meine Arbeit, die ich investieren muss, um das Produkt funktionsfähig zu machen. Da erwarte ich eine Wiedergutmachung!

Der Mitarbeiter am Telefon hat diese Unzufriedenheit des Kunden in den allermeisten Fällen nicht persönlich zu verantworten. Oft kennt er das Problem allzu gut, leidet selbst darunter, da der verärgerte Kunde wahrlich nicht der erste ist, der sich darüber beschwert. Paradoxerweise führt die Kenntnis des Problems jedoch keineswegs zu einer Verbesserung der Gesprächsqualität. Im Gegenteil: Der Mitarbeiter hat, verständlicherweise, das Gefühl, sich dem 10. Kunden, der anruft, „schon wieder" erklären zu müssen. Der Kunde nimmt diese mitschwingenden Emotionen als Gereiztheit, Ungeduld und Unlust wahr. Schnell wird aus einer einfachen Beschwerde eine eskalierende Auseinandersetzung, die beide Seiten viel Zeit und Nerven kostet.

Hier gilt es, das innere „schon wieder" durch ein „für den Kunden ist es das erste Mal" zu ersetzen. Nehmen Sie bewusst eine professionelle Haltung ein und hören Sie dem Kunden aufmerksam zu, auch wenn Sie anscheinend schon genau wissen, um was es geht. Als Profi nutzen Sie das Gespräch zur Kundenbindung. Der Kunde ist unzufrieden, und Sie nutzen die Chance ihn positiv zu überraschen. Auch wenn Sie einem Kunden nicht jeden Wunsch erfüllen können, so soll er doch mindestens nach dem Gespräch den Eindruck haben, dass Sie als Mitarbeiter ihn ernst genommen haben, seine Perspektive verstehen und alles im Rahmen Ihrer Möglichkeiten getan haben, um ihn zufriedenzustellen.

9.2 Bei starken Emotionen Energie sparen

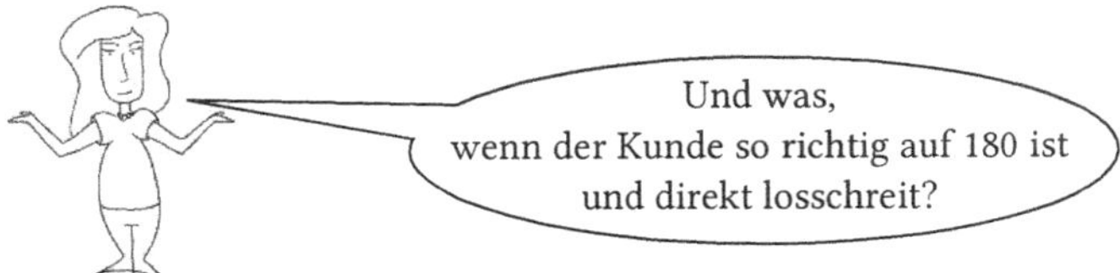

Am Telefon ist der Ton häufig schärfer als im persönlichen Gespräch, da durch den fehlenden Blickkontakt und die körperliche Distanz eine gewisse „Beißhemmung" entfällt. Auch ganz ohne Ihr Zutun gibt es verärgerte Kunden, die Gespräche eskalieren lassen. Der wichtigste Tipp hierbei ist: Vergeuden Sie keine Energie mit vorschnellem Aktionismus. Geben Sie dem Kunden zuerst Raum, Dampf abzulassen. Erst dann kann auf der sachlichen Ebene Klarheit erzielt werden. Beachten Sie dabei die Aggressionskurve, die idealerweise durch Ihr Verhalten in Phase 1[53] auf ein Niveau sinkt, auf dem Sie in eine sachliche Zusammenarbeit einsteigen können:

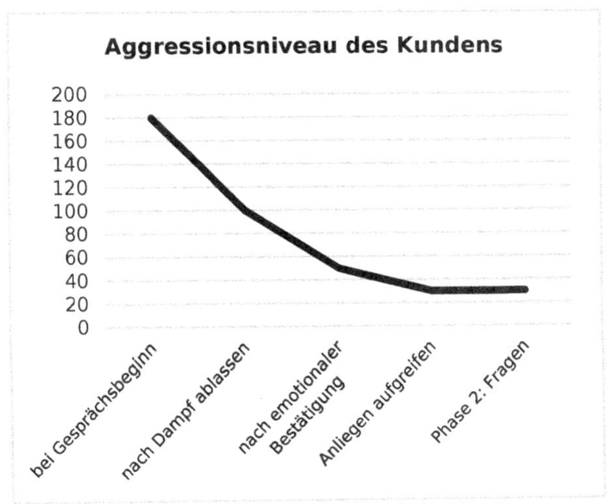

[53] In Abschnitt 6.1 wird die erste Phase des Telefongesprächs behandelt.

Dampf ablassen und emotionale Bestätigung

Unterbrechen Sie den Kunden erst einmal nicht, wenn er sehr erregt, also noch auf 180 ist. Wenn sich eine Pause ergibt, zeigen Sie Verständnis für die starken Emotionen des Kunden in Form einer emotionalen Bestätigung, z.B.:

„Ok, ich verstehe."
„Das ist aber auch wirklich ärgerlich."
„Das kann ich nachvollziehen"

Achten Sie darauf, dass Sie hier auf keinen Fall das Wort *aber* verwenden:

„Das kann ich gut verstehen, aber ..."
„Das ist ärgerlich, aber ..."
„Das kann ich nachvollziehen, aber ..."

Hier gilt der Merksatz: Alles vor dem Aber ist Gelaber. Und gerade jetzt kommt es auf Glaubwürdigkeit an. Wenn der Kunde sich an dieser Stelle nicht verstanden fühlt, wird er weiter seinen Standpunkt verteidigen. Oft reichen bereits eine passende Lautmalerei und Bestätigungsworte um zu signalisieren: „Ich verstehe Deine Sicht der Dinge."[54] Dabei geht es nicht um eine sachliche Zusage, sondern um eine emotionale Bestätigung.

Eine besonders starke Form der emotionalen Bestätigung, die oft eine überraschende Wendung bringt, ist die Bestärkung bzw. der Dank an dieser Stelle. Da der Kunde damit überhaupt nicht rechnet, kann man auch von einer „paradoxen Intervention" sprechen. Ihr Verhalten ist für den Kunden so unerwartet, dass der Gesprächspartner darüber quasi „vergisst" sich weiter zu ärgern.

„Gut, dass Sie direkt anrufen."
„Vielen Dank für Ihre Offenheit."
„Ich finde das gut, dass Sie das so klar ansprechen."

besser so!

Wenn Sie die paradoxe Intervention einsetzen möchten, achten Sie darauf, dass Sie dabei auf keinen Fall zynisch klingen. Stellen Sie sich geistig neben den Kunden und blicken Sie aus seiner Perspektive auf das Thema. Der Kunde zeigt Ihnen genau, wie er das Thema sieht und empfindet. Genau so würde er es auch anderen Menschen schildern. Aber zum Glück ruft er an und nimmt Sie mit ins Boot, sodass Sie seine Sicht der Dinge verändern können. Aus dieser Haltung heraus ergibt der Dank Sinn.

---

[54] Vgl. Abschnitt 5.2.1: Lautmalerei und Bestätigungsworte

Anliegen aufgreifen

Wenn der Kunde immer noch erregt ist, geben Sie ihm Zeit – eine sachliche Auseinandersetzung mit einem stark emotional erregten Menschen ist reine Zeit- und Energieverschwendung, da er in seinem Zustand nicht wirklich zugänglich ist für logische Analysen und Argumente. Erst wenn der Kunde sich beruhigt hat, erfassen Sie den Sachverhalt. Hier ist das Aufgreifen des Anliegens elementar. Machen Sie erst Lösungsvorschläge, wenn der Kunde ein Zustimmungssignal gegeben hat. Dabei ist es hilfreich, das Anliegen zu „neutralisieren“, also nicht mit der gleichen emotionalen Wucht aufzugreifen, wie der Kunde es formuliert hat.

„Sie sind also empört über die chaotischen Zustände bei uns und entsetzt, dass Sie einen Vertrag bei so einem Saftladen abgeschlossen haben. Darüber hinaus fordern Sie sofort eine Rückerstattung aller Beiträge bis in Jahr 1969, da Sie ansonsten rechtliche Schritte einleiten werden.“

„Sie sind unzufrieden und möchten, dass wir gemeinsam eine gute Lösung für Ihren Vertrag und die bisher gezahlten Beiträge finden.“

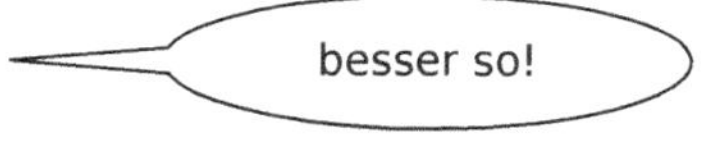

Normalerweise gibt der Kunde nun ein Zustimmungssignal oder ergänzt Punkte, die ihm wichtig sind. Achten Sie darauf, dass Sie erst in Phase 2 einsteigen, wenn Sie eine Zustimmung haben. Erst dann ist der Kunde bereit, sich auf eine sachliche Auseinandersetzung mit dem Thema einzulassen.[55]

Ab Phase 2

Erfassen Sie in Phase 2 den Sachverhalt genau und lassen Sie sich Zusammenhänge erklären. Fragen Sie den Kunden ggf. auch nach eigenen Lösungsvorschlägen – oft verlangen Kunden weniger als man befürchtet.

Achten Sie in Phase 2, 3 und 4 darauf, dass Sie den Kunden nicht aus Versehen wieder in seine negativen Emotionen zurückführen. Wenn der Kunde also inzwischen entspannt ist, vermeiden Sie es, seinen emotionalen Ärger zu Beginn noch einmal anzusprechen. Ein unbedachtes: „Ja, da kann ich schon verstehen, dass Sie so aufgebracht waren“ führt den Kunden emotional wieder direkt in die Vergangenheit. Sie können sich dann darauf einstellen, dass Sie in den folgenden Minuten nicht weiter über die Lösung, sondern wieder über das Problem und den verursachten Ärger sprechen.

---

[55] Vgl. Kapitel 6: Die 4 Phasen der Telefonie

Formulieren Sie konsequent während des gesamten Gesprächs lösungsorientiert und benutzen Sie eine positive Sprache. Besonders aufgebrachte Kunden reagieren auf Zwischentöne oft empfindlich. Formulierungen wie

„Sie müssen aber auch …“,
„Sie hätten besser …“,
„Ja, aber …“

bloß nicht!

reizen den Kunden unnötig. So bleibt die Aggressionskurve auf dem unteren Niveau und steigt nicht wieder an.

Am Ende des Gesprächs ist es wichtig, dass Sie verbindlich Folgeschritte formulieren. Formulieren Sie nur die Zusagen, die Sie tatsächlich einhalten können. Stellen Sie sich darauf ein, dass der Kunde hochsensibel auf Fehler oder Verzögerungen reagieren wird. Bauen Sie lieber einen kleinen Puffer ein, um den Kunden positiv zu überraschen.

9.3 Wenn der Kunde persönlich wird

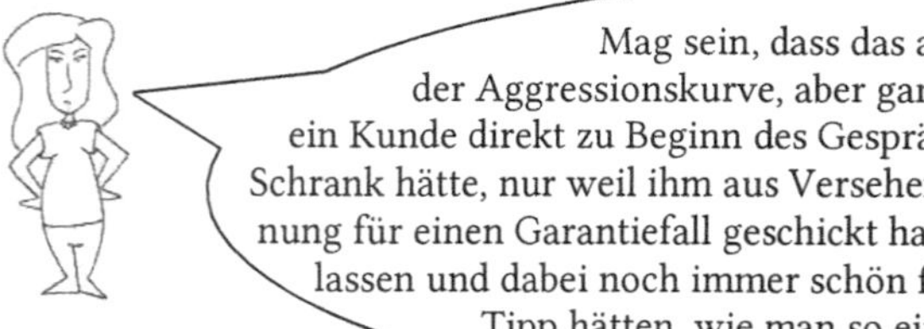

Fast jeder, der regelmäßig mit Kunden telefoniert, kennt das. Anrufer vergreifen sich nicht nur im Tonfall, sondern werden auch verbal „übergriffig“. Sie beleidigen, würdigen herab, schikanieren und erwarten dabei noch Service vom Feinsten. Viele meiner Seminarteilnehmer klagen sogar, dass solche Verhaltensweisen in erschreckendem Maße zunehmen würden.[56] Liegt es da nicht nahe, dass das Telefonbuch sich auch mit verbalen Selbstverteidigungsmethoden beschäftigen sollte?

---

[56] Wenn Sie jetzt irritiert die Stirn runzeln und sich denken: „Also bei mir ist das nicht so“, könnte es daran liegen, dass Sie einfach tolle Kunden haben und Ihr Service und Ihre Leistungen einfach keine Angriffspunkte bieten. Doch ich möchte fast wetten, dass es daran liegt, dass Sie die unten angeführte Strategie ganz unbewusst schon lange nutzen.

Wenn Sie zu den schlagfertigen Zeitgenossen gehören, denen nicht erst drei Stunden nach der Situation eine passende Antwort einfällt, und Ihre Antworten auf solcherlei Provokationen nicht zu einem spontanen Ende der Kundenbeziehung führen, sondern die Situation in Humor auflösen: herzlichen Glückwunsch! An alle anderen, die sich mit spontanem Wortwitz schwertun, kann ich Entwarnung geben: Es gibt Möglichkeiten, die Situation zu meistern, ohne zu kämpfen. Und nein: Sie müssen dabei auch nicht „klein beigeben", sondern nur alle Ihre Ohren spitzen und zwar die richtigen. Insider lächeln vielleicht jetzt schon verschmitzt: Genau, es geht um das sogenannte 4-Ohren-Modell von Friedemann Schulz von Thun, was Ihnen hier gute Hilfe leisten kann.[57] Die Grundannahme dabei ist, dass jede Aussage 4 verschiedene Seiten hat, und zwar:

Sachseite • Um was genau es geht – Inhalt	Appell • Was der andere möchte, was ich denke oder tue
Selbstkundgabe • Was der andere über sich selbst ausdrückt	Beziehung • Was der andere über mich denkt und in welchem Verhältnis wir stehen

Übersetzt auf das Kundentelefonat hat eine Kundenaussage also folgende 4 Seiten:

Sachseite • Thema des Gesprächs • Informationen über Produkte, Leistungen etc.	Appell • Das Anliegen des Anrufers • Was der Kunde erwartet • Der Kundenwunsch
Selbstkundgabe • Was der Kunde bewusst oder unbewusst von sich preisgibt • Wie es dem Kunden geht	Beziehung • Was der Kunde vom Unternehmen, seinen Produkten und Leistungen hält oder: • Was der Kunde vom Mitarbeiter in seiner Rolle als Vertreter des Unternehmens hält.

[57] Friedemann Schulz von Thun: Miteinander reden, Band 1: Störungen und Klärungen, Allgemeine Psychologie der Kommunikation, 1981 (49. Auflage 2011)

Lassen Sie uns Ihr Fallbeispiel anhand dieser 4 Seiten einmal untersuchen. Der Kunde ruft an und schreit direkt in den Hörer:

„Sagen Sie mal, haben Sie noch alle Tassen im Schrank? Diese Rechnung ist ja wohl eine Unverschämtheit."

[1] Sachseite: Es geht um eine Rechnung Ihres Unternehmens. Um die Sache näher zu analysieren, fehlen noch Informationen, wie z.B. die berechnete Leistung und der Rechnungsbetrag.

[2] Appell: Der Kunde möchte, dass Sie zu dieser Rechnung Stellung beziehen. Der Tonfall gibt Anlass dazu anzunehmen, dass er Änderungen zu seinen Gunsten wünscht.

[3] Selbstkundgabe: Der Kunde ist sehr aufgebracht. Da er sehr emotional reagiert, ist anzunehmen, dass nicht alleine die Rechnung ihn verärgert und es andere (wahrscheinlich persönliche) Auslöser gibt (wie z.B. finanzielle Schwierigkeiten, Ärger zuhause oder bei der Arbeit, gesundheitliche Probleme etc. ...), die hier nicht geklärt werden können.

[4] Beziehung: Der Kunde hält in Bezug auf die Rechnungserstellung nichts vom Unternehmen. Falls er mit dem Mitarbeiter zuvor noch keinen Kontakt hatte, kann er ihn nicht persönlich meinen. Wenn zuvor Kontakt mit dem Mitarbeiter bestand, hält er nichts vom Service des Mitarbeiters in Bezug auf die Rechnung.

Die Frage ist nun – auf welche Bestandteile der Nachricht sollten Sie reagieren, damit das Gespräch einen konstruktiven Verlauf nimmt? Entsprechend der 4 Seiten der Nachricht haben wir 4 Möglichkeiten die Nachricht zu verstehen und dementsprechend zu reagieren. Von Thun spricht hier von 4 Ohren, mit denen wir die Aussagen unseres Gegenübers wahrnehmen. Je nachdem, mit welchem Ohr wir hören, werden wir auch bestimmte Handlungsimpulse empfinden und Reaktionsmöglichkeiten haben:

[1] Wenn Sie die Nachricht mit Ihrem **Sachohr** hören, könnten Sie zum Beispiel nachfragen:

„Um welche Rechnung handelt es sich denn genau?"

Hier wird der emotionale Gehalt der Nachricht vollkommen ausgeblendet. Das Verstehen des Sachverhalts steht im Vordergrund.

[2] Wenn Sie mit dem **Appellohr** hören, könnten Sie Ihre Möglichkeiten der Unterstützung formulieren:

„Ich schaue mir die Rechnung gerne mit Ihnen gemeinsam an und prüfe Sie direkt für Sie. Im Anschluss kann ich direkt mit der Buchhaltung eine Änderung veranlassen."

Hier steht die Handlung im Vordergrund. Der Mitarbeiter reagiert nicht auf den emotionalen Gehalt, sondern schreitet direkt zur Tat, um den Kundenwunsch zu erfüllen.

[3] Wenn Sie mit dem **Selbstkundgabeohr** hören, könnten Sie verständnisvoll reagieren:

„Sie ärgern sich gerade richtig über diese Rechnung."

Hier steht der Kunde im Mittelpunkt. Der Mitarbeiter hört sehr wohl den emotionalen Gehalt, bezieht ihn aber nicht auf sich.

[4] Wenn Sie mit dem **Beziehungsohr** hören, könnten Sie antworten:

„Ich fühle mich gekränkt. Ich würde mir wünschen, dass Sie als Kunde mit mir auf Augenhöhe kommunizieren und auf persönliche Angriffe verzichten"

Achtung: Hier steht die Befindlichkeit des Mitarbeiters im Mittelpunkt. Das Verhalten des Kunden wird negativ bewertet. Sie begeben sich auf dünnes Eis. Sie geben viel von sich preis und der Kunde könnte sich gemaßregelt fühlen.

Noch viel dramatischer wird die Wirkung, wenn Sie nicht, wie hier im Beispiel mit einer Ich-Botschaft („Ich fühle mich ...") und einem Wunsch, sondern mit einem direkten Gegenangriff kontern:

„Hören Sie sofort auf, mich so anzuschreien, in diesem Ton werde ich das Gespräch nicht mit Ihnen weiterführen."

Durch ein offenes Beziehungsohr machen Sie sich angreifbar und verletzlich und das in einem Kontext, in dem es sich eindeutig **nicht** um ein persönliches Feedback zu Ihrer Person handeln kann. Denken Sie einfach daran, dass der Kunde Sie im Normalfall gar nicht persönlich und privat kennt und darum sowieso nicht wirklich Sie meint. Er meint die Situation; seine Nachricht ist vor allem Ausdruck seiner eigenen Unzufriedenheit.

Eine Kollegin von mir riet immer zu „Watte im Beziehungsohr". Wer im Businesskontext mit zu sensiblen Beziehungsohren hört, reagiert zu oft beleidigt und macht sich handlungsunfähig. Gehen Sie einfach davon aus, dass der Andere einen schlechten Tag hat und offensichtlich keine adäquatere Möglichkeit findet, seinem Frust Luft zu machen. Lassen Sie einfach los – es geht wirklich nicht um Sie persönlich!

Natürlich können wir eine hochemotionale Nachricht nicht rein sachlich aufnehmen und mit einem nüchternen „Sie haben also Fragen zu einer Rechnung. Dann geben Sie mir bitte mal die Rechnungsnummer" parieren. Ich persönlich rate Ihnen bei starken Emotionen oder Angriffen prinzipiell zuerst mit dem Selbstkundgabeohr hinzuhören. Es ist eher diagnostisch und lässt den Gefühlsausbruch und den Angriff dort, wo er stattfindet, nämlich beim Sender der Nachricht selbst.

Gemäß der Aggressionskurve und mit Zuhilfenahme des Vierohrenmodells könnte eine Reaktion auf den Gesprächseinstieg z.B. so aussehen:

Kunde, *laut:*

„Sagen Sie mal, haben Sie noch alle Tassen im Schrank? Diese Rechnung ist ja wohl eine Unverschämtheit."

Mitarbeiter Wahrnehmen der Selbstkundgabe:

„Ok, ich höre, Sie ärgern sich richtig über eine Rechnung von uns – so soll das natürlich nicht sein."

Macht eine PAUSE und wartet die Kundenreaktion ab.

Kunde, *immer noch laut:*

Ja, ich ärgere mich! Das war so nicht abgesprochen – der Mitarbeiter hatte mir gesagt, dass das unter die Garantie falle und jetzt erhalte ich eine Rechnung von über 300 €. Ich werde die Rechnung nicht zahlen!"

Mitarbeiter emotionale Bestätigung der Selbstkundgabe und Spiegeln der Sachseite:

„Das kann ich nachvollziehen. Sie sind von einer Garantieleistung ausgegangen."

Macht eine PAUSE und wartet die Kundenreaktion ab.

Kunde, *ruhiger:*

„Genau!"

Mitarbeiter Reaktion auf den Appell:

„Ich schaue mir das gerne mit Ihnen gemeinsam an, wir finden bestimmt eine Lösung. Sagen Sie mir bitte die Rechnungsnummer, dann prüfe ich das für Sie."

Übrigens: Bitte gehen Sie nicht zu hart mit sich ins Gericht, wenn Ihnen die Umsetzung nicht direkt oder nicht immer gelingt. Seien Sie nett zu sich, wenn Sie merken, dass Ihr Beziehungsohr mal wieder sehr sensibel reagiert. Nicht nur Kunden, auch Mitarbeiter haben mal einen schlechten Tag, und vielleicht können Sie dann ja auch einfach einen Rückruf anbieten, um Zeit zu gewinnen, oder einen Kollegen bitten, das Telefonat ausnahmsweise für Sie zu übernehmen.

9.4 Kunden zähmen leicht gemacht

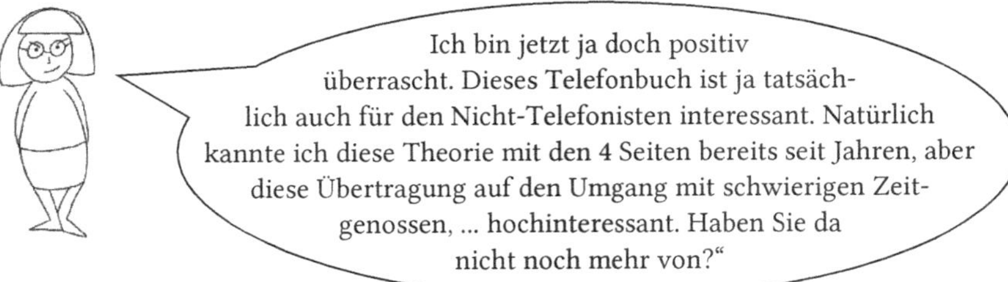

Wie ich reagieren kann, wenn es sich anfühlt, als würde das Verhalten des Anderen auf meinen ureigenen roten Alarmknopf drücken – das ist tatsächlich ein Anliegen, das die meisten Teilnehmer meiner Kommunikationsseminare brennend interessiert. Und ich beleuchte dieses Thema gerne mit Ihnen noch weiter. Im Folgenden möchte ich Ihnen eine alternative Vorgehensweise zum Vier-Ohren-Modell erläutern.

Zum Glück geht es ja immer nur um kurze Interventionen, denn wir haben keinen Erziehungsauftrag für den Kunden. Jeder, der Kinder hat, weiß, welch großes Unterfangen das wäre. Und wenn wir ehrlich sind: Wir wissen doch auch, dass es wohl eh nichts bewirken würde. Einem erwachsenen Menschen bei einem Telefonat Manieren beizubringen, ist wie das Hupen im Straßenverkehr als Reaktion auf rüpelhaftes Verhalten. Es ist äußerst zweifelhaft, dass sich Verkehrsrowdys davon beeindrucken lassen. Wahrscheinlicher ist, dass sich negative Verhaltensmuster dadurch sogar noch verstärken, nach dem Motto: „Jetzt erst recht!“.

Aus diesem Grund: Sobald Sie merken, dass Sie sich angegriffen oder provoziert fühlen, stoppen Sie folgende Reaktionsmuster:

Analysieren, Kritisieren und Bewerten des Verhaltens des Gesprächspartners:

„Wenn Sie die Bedienungsanleitung vorher gelesen hätten, wäre das nicht passiert.“

bloß nicht!

„Die Art und Weise, wie Sie mit unserem Gerät umgegangen sind, war grob fahrlässig.“

„Sie reklamieren das jetzt doch nur, weil Sie ...“

„Ihrer Argumentation fehlt jegliche Logik."

„Das stimmt nicht."

Mit Konsequenzen drohen:

„Wenn Sie die Rechnung nicht zahlen, dann muss ich leider ..."

„Sie lassen mir keine andere Wahl ..."

„Entweder Sie schicken uns innerhalb der nächsten zwei Wochen den Fragebogen zurück, oder ich werde veranlassen, dass Sie ..."

Resultat sind schlechte Gefühle und sich hochschaukelnde Konflikte.

Klar, das dürfen Sie – doch danach müssen Sie die Suppe auch auslöffeln! Selbst wenn der Kunde „klein beigibt" und sich reuig zeigt – gehen Sie davon aus, dass der Preis dafür schlechte Gefühle sind und dass Sie Ihr kurzes Triumphgefühl mit einem unzufriedenen Kunden zahlen (der vielleicht sogar hintenrum die Geschichte dann ganz anders erzählt, dieser Schuft!). Nun, Spaß beiseite, wie kann ich stattdessen reagieren?

Ich empfehle Ihnen stattdessen, Ihre Aufmerksamkeit auf etwas Positives zu lenken, was sich im Moment zwar noch nicht zeigt, aber in Wahrheit viel wichtiger ist als das Verhalten des Kunden.

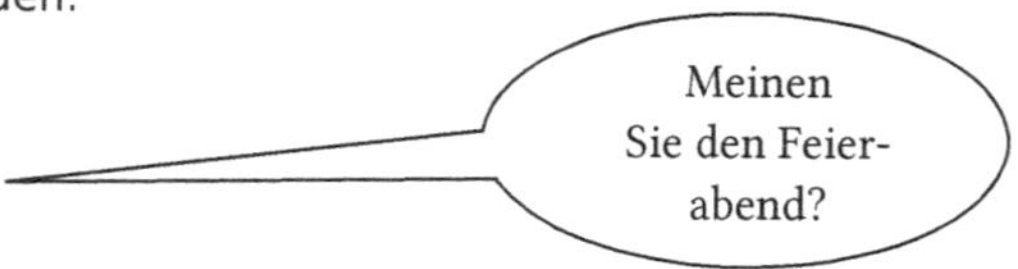

Ja, das wäre natürlich auch eine Möglichkeit, Frau Frama. Was ich eigentlich meinte, sind die Bedürfnisse des Kunden. Bedürfnisse sind nämlich immer positiv, jeder kennt sie und jeder kann sie nachvollziehen. Während Sie das Verhalten des Kunden vielleicht verurteilen mögen, fällt es Ihnen nicht schwer seine Bedürfnisse zu verstehen.

Marshall Rosenberg[58], der Begründer der gewaltfreien Kommunikation, ging davon aus, dass hinter jedem noch so unverständlichen Verhalten ein durchaus nachvollziehbares Bedürfnis steht. Wie beim Eisberg sehen wir zwar zuerst nur die Spitze, nehmen also nur eine Verhaltensweise wahr, aber tief unter dem Wasser ist der viel größere und substanziellere Bereich, um den wir uns kümmern sollten. Hier sind die Bedürfnisse, die uns als gemeinsame Verständnisbasis helfen. Das ist gerade dann wichtig, wenn es keine einfache Lösung gibt.

Oft können wir den Kundenwunsch nicht direkt erfüllen. Nehmen wir unser Beispiel: Wenn sich bei Ihrer Recherche herausstellt, dass es sich nicht um eine Garantieleistung handelt und der Kunde den Mitarbeiter falsch verstanden hatte, haben Sie wahrscheinlich nicht die Option zu sagen: „Ok, war ein Missverständnis, aber trotzdem: Sie brauchen unsere Rechnung selbstverständlich nicht zu zahlen." Sie brauchen also eine gemeinsame Basis, von der aus Sie Lösungen erarbeiten können. Und das sind Bedürfnisse.

Die meisten Menschen sind es nicht gewohnt, über ihre Gefühle und Bedürfnisse zu sprechen. Stattdessen verteidigen Sie ihre Bedürfnisse zur Not mit Zähnen und Krallen. Sie reagieren laut Rosenberg in einer Wolfssprache. Hier können Sie als Kundenberater zum Übersetzer werden.

Meiner Erfahrung nach haben sich dabei folgende Schritte bewährt:

[1] Neutrales Beschreiben des Sachverhalts.

[2] Aussprechen des wahrgenommenen Gefühls.

[3] Vermutung, welches Bedürfnis für den Kunden damit in Verbindung steht.

[4] Das Bedürfnis anerkennen.

[5] Die Frage nach möglichen Lösungen

Bei unserem Kunden, der sich über eine Rechnung ärgert, könnte sich das zum Beispiel folgendermaßen anhören:

[1] „Sie sagen, Sie sind nicht bereit, die Rechnung zu zahlen." (Sachverhalt)

[2] „Ich höre, dass Sie **ärgerlich** sind, ..." (Gefühl)

[3] „ ..., weil Ihnen **Verbindlichkeit** wichtig ist, und der Kollege Ihnen eine Garantieleistung angekündigt hatte." (Bedürfnis)

---

58 Marshall Rosenberg, Begründer der Gewaltfreien Kommunikation (GFK) 1934–2015, US-amerikanischer Psychologe

[4] „Ich kann das gut nachvollziehen, mir ist Verbindlichkeit, gerade in finanziellen Dingen, auch wichtig!“ (Bedürfnis anerkennen)

[5] „Falls sich jetzt bei der Prüfung herausstellt, dass der Kollege sich geirrt hat und es sich nicht um eine Garantieleistung handelt, **wie sähe für Sie eine gute Lösung aus?**“ (Lösungssuche)

Diese Vorgehensweise erfordert echtes Zuhören und Achtsamkeit. Die gesprochenen Worte werden nicht aus dem Brustton der Selbstüberzeugung formuliert, sondern sind eher fragend. Sie wagen eine Vermutung und es kann durchaus sein, dass der Kunde Ihnen widerspricht: „Nein, ich bin nicht ärgerlich, nur irritiert“, oder „Nein, es geht mir nicht um Verbindlichkeit, sondern um Klarheit“. Das ist nicht schlimm. Sie tasten sich gemeinsam heran und finden so ein gemeinsames besseres Verständnis für den Kern – also dem, was dem Kunden wirklich wichtig ist.

Sie müssen dazu nicht zum Psychologen werden, es wäre schlecht, wenn der Kunde sich von Ihnen analysiert fühlen würde. Es geht nur darum, dass er das echte Bemühen, ihn zu verstehen, bemerkt, und darum, dass eine Umfokussierung stattfindet. Der Fokus geht nämlich auf das Bedürfnis. Und damit sprechen wir über etwas Positives.

Damit es Ihnen leichter fällt, Bedürfnisse anzusprechen, hier eine kleine Liste von den Bedürfnissen, die ich am häufigsten bei Kunden wahrnehme:

Bedürfnisse

Anerkennung	Ästhetik	Aufmerksamkeit	Ausgewogenheit
Austausch	Autonomie	Berechenbarkeit	Beständigkeit
Diskretion	Effektivität	Ehrlichkeit	Empathie
Entspannung	Freiheit	Genauigkeit	Gerechtigkeit
Klarheit	Offenheit	Ordnung	Orientierung
Privatsphäre	Respekt	Ruhe	Schutz
Selbstbestimmung	finanzielle Sicherheit	Sinn	Stabilität
Stimmigkeit	Toleranz	Unabhängigkeit	Unterstützung
Verantwortung	Verbindlichkeit	Vertrauen	Wahlmöglichkeit
Weiterentwicklung	Wertschätzung	Wissen	Zuhören

Das Ansprechen von Bedürfnissen gibt einem Gespräch mehr Tiefe, und Sie können dies auch in anderen Gesprächssituationen nutzen. Hier noch einige Möglichkeiten Bedürfnisse anzusprechen:

„Sie wünschen sich an dieser Stelle mehr **Austausch**."

„Sie möchten einfach, dass das **ordentlich** erledigt ist." (**Ordnung**)

„Sie möchten einfach den **Sinn** erkennen."

„Freiheit ist Ihnen da sehr wichtig."

„Das soll auch gut aussehen / ästhetisch sein." (**Ästhetik/Schönheit**)

Wichtig beim Ansprechen von Bedürfnissen ist immer, dass Sie diese würdigen. Ein Kunde sollte niemals das Gefühl haben, dass ihm da etwas wichtig ist, was Sie persönlich eher abwegig finden. Vermeiden Sie deshalb auch Worte, die negativ gedeutet werden könnten, so wie „Status" oder „Prestige", wenn der Kunde diese nicht selbst positiv nutzt. Niemals sollte ein Kunde sich wegen seiner Werte „bedürftig" oder minderwertig fühlen.

9.5 Von verärgerten Kunden lernen

„Was soll ich da schon lernen? Dass es Idioten auf der Welt gibt, und zwar viele?!" meinte vor Kurzem ein Seminarteilnehmer, als ich ihn fragte, was er denn aus einer schwierigen Situation, die er zuvor beschrieben hatte, für sich lernen könne. Wir mussten beide lachen. Ja manchmal ist es eine schnelle Erleichterung, wenn wir die, die uns schlechte Gefühle vermitteln, selbst schlecht aussehen lassen. Wir nennen sie Idioten, erheben uns über sie und die Welt bekommt wieder ein Gleichgewicht – wie Du mir, so ich Dir.

Blöd natürlich, dass wir uns dabei auf ein Niveau begeben, das wir ablehnen. Wer möchte selbst schon gerne herablassend sein. Die Wahrheit ist: da ist ein Mensch, der Sie aus Ihrem emotionalen Gleichgewicht gebracht hat. Sie fühlen sich beim Gespräch und vielleicht auch noch danach verstimmt. Offensichtlich hat er einen Punkt getroffen, der Ihnen wichtig ist:

- Vielleicht haben Sie sich plötzlich dumm gefühlt, und es ist Ihnen wichtig, dass Ihre Kompetenz anerkannt wird.
- Vielleicht haben Sie sich als „kleines Mädchen" gefühlt, und es ist Ihnen wichtig, als erwachsene Frau wahrgenommen und geachtet zu werden.
- Vielleicht haben Sie das Gefühl gehabt, die Kontrolle zu verlieren, und es ist Ihnen wichtig, immer das Steuer in der Hand zu halten.

- Vielleicht hatten Sie das Gefühl, dass der Gesprächspartner sich klein und hilflos macht, und Sie dadurch Verantwortung übergestülpt bekommen, die Sie nicht zu tragen bereit sind.

Ich könnte diese Liste endlos fortführen. Das Interessante ist, dass diese „roten Knöpfe“, die der Kunde drückt, hochindividuell sind. Oft trifft er damit einen blinden Fleck bei uns. Wir wissen gar nicht warum, aber wir fühlen uns schlecht. Da berührt jemand (un-)wissentlich einen wunden Punkt. Wenn wir den anderen einfach nur schnell abwerten, vergeben wir die Chance, etwas Wichtiges über uns selbst zu erfahren.

Darum empfehle ich Ihnen: Nutzen Sie schwierige Gesprächspartner im Nachhinein für ein Coaching! Ja, Sie lesen richtig, der Bösewicht wird zum Coach, ganz ohne dass er es weiß: Welch herrlich hinterhältige Rache! Nun kommen wir zu den Risiken und Nebenwirkungen: In Einzelfällen kommt es nach regelmäßiger Anwendung zu unerwarteten Gefühlen der Dankbarkeit für diese Schurken, von denen Sie dann so viel gelernt haben.

Die konkrete Vorgehensweise

Wenn Sie merken, dass Sie ein Gespräch nachhaltig beschäftigt, nehmen Sie sich die Zeit, folgende Fragen zu beantworten. Es erwarten Sie interessante Erkenntnisse. Wenn Sie das regelmäßig tun, verspreche ich Ihnen zwei positive Auswirkungen:

[1] Sie erkennen Muster und wissen besser über Ihre roten Knöpfe Bescheid. Damit etablieren Sie ein innerliches System. Der rote Knopf wird gedrückt und Sie sagen sich: „Oh, es geht mal wieder um ...“ Sie wissen also besser Bescheid und haben in der Zwischenzeit bereits Strategien entwickelt, die Sie einsetzen können: Sie werden handlungsfähiger.

[2] Wenn sich ein neuer roter Knopf auftut, haben Sie vielleicht irgendwann sogar den spontanen Gedanken **bei** einem schwierigen Gespräch: „Oh, ich bin gespannt, was ich von diesem Coach heute noch lernen werde.“

Fragen zur Selbstreflexion von schwierigen Gesprächen:

- Welche Verhaltensweise(n) des Kunden fand ich herausfordernd?
- Was genau hat das Gespräch für mich schwierig gemacht?
- Welche Gefühle hat das bei mir ausgelöst?
- Über was habe ich mich aufgeregt? Was hat mich negativ berührt?
- Was für ein Mensch müsste ich sein, um mich über solch ein Verhalten nicht aufzuregen? Was hindert mich daran, dieser Mensch zu sein?

- Was würde ich vernachlässigen, wenn ich mich in solch einer Situation nicht aufregen würde?
- Was ist mir in diesem Zusammenhang wichtig, was ist mein Bedürfnis?[59]
- Was könnte ich ansonsten für dieses Bedürfnis tun, außer mich aufzuregen?
- Wie kann ich dieses Bedürfnis besser wertschätzen, sodass es mehr Raum in meinem Leben bekommt?
- Welche Strategie könnte mir vielleicht helfen, um in Zukunft mit ähnlichen Situationen gelassener umzugehen?
- Angenommen, ich hätte dieses Problem bereits gelöst, an was würde ich es zuerst merken? Wer würde es außer mir noch merken?
- Wenn eine ältere und reifere Version von mir aus der Zukunft zu mir reisen würde und würde mir einen guten Rat erteilen, wie könnte dieser Rat lauten?

Ich empfehle Ihnen, die Selbstreflexion regelmäßig durchzuführen. Vielleicht schaffen Sie sich eine kleine Kladde an und notieren dort regelmäßig Ihre Gedanken, die Ihnen anhand der Fragen in den Sinn kommen. Bitte gehen Sie dabei wertschätzend und mit Entdeckerfreude mit sich selbst um. Quälen Sie sich nicht mit den Fragen. Wenn Ihnen einige Fragen unpassend erscheinen oder Sie nichts mit ihnen anfangen können, dann lassen Sie sie einfach weg.

10 Das Telefon als Vertriebskanal

Der Satz: „Sie wollen mir doch nur etwas verkaufen“, ist im Deutschen schon fast eine Beleidigung. Nur Kaufen wird als aktive Handlung positiv bewertet. „Ich will mir ein neues Auto kaufen“ ist ein Satz, den wir voller Freude selbstbewusst aussprechen können. Bei „Er wollte mir ein neues Auto verkaufen“ ist das schon anders. Wir kaufen gerne, wollen uns aber nichts verkaufen lassen.

Sicher kennen Sie das geflügelte Wort „sich für dumm verkaufen lassen“. Es hat die Bedeutung, dass jemand auf plumpe Art versucht, jemandem die Wahrheit zu verheimlichen. Ist

---

[59] Nutzen Sie bei Bedarf einfach die Tabelle in Abschnitt 9.4: Bedürfnisse

es ein Zufall, dass in dieser deutschen Redewendung das Wort *verkaufen* steckt? Ich weiß es nicht, und doch: Wer das Gefühl hat, etwas verkauft zu bekommen, befürchtet schnell Opfer einer Täuschung zu werden. Deshalb schrillen die Alarmglocken: Wer sich etwas verkaufen lässt, könnte „für dumm verkauft" werden.

Noch negativer wird der Verkauf am Telefon bewertet. Dieser gilt mindestens als suspekt, wenn nicht sogar als unseriös. Doch was ist es, was den Telefonverkauf zu so einem schlechten Ruf gebracht hat?

Es sind die schlechten Telefonate von Callcentern mit abgelesenen Formulierungen. Viele Unternehmen nutzten in der Vergangenheit ein computergestütztes System, Kunden automatisiert anzuwählen. Damit meine ich Anrufe, bei denen nicht der Anrufer die Nummer wählt, sondern diese automatisiert durch einen sogenannten predicitive dialer (vorausschauender Anwählcomputer) gesteuert wird. Der Anrufer hat keine Gelegenheit, sich auf den Anruf einzustimmen oder vorzubereiten, der Computer wählt und schwupps ist der nächste Kunde in der Leitung. Meistens fragt der Mitarbeiter als erstes dann: „Spreche ich mit Herrn/Frau Vorname Zuname?" Im Hintergrund hört man Horden von weiteren Gesprächsfetzen, während der Mitarbeiter, der sich inzwischen versichert hat, das richtige Opfer in der Leitung zu haben, ohne Punkt und Komma einen Gesprächsleitfaden vorliest. Währenddessen fragt sich der Angerufene, woher dieser Eindringling nur die Nummer hat und sucht die erste Atempause, um ein „kein Interesse" dazwischen zu grätschen. Dies wird von der anderen Seite aber nur als kleine sportliche Hürde aufgefasst und mit einem neuen abgelesenen Satz pariert. Der Kunde hat in diesen Anrufen die Rolle eines Statisten. Die Fragen, die man ihm stellt, kann er eigentlich nur mit *ja* beantworten. Kein Wunder, dass sich da in den meisten erwachsenen Menschen ein gesunder Widerstand regt.

So gesehen: Man weiß nicht, wer einem mehr leidtun soll – der potenzielle Kunde, der solchermaßen überfahren wird, oder der Anrufer, der ans Headset gefesselt einen Kunden nach dem nächsten überrumpeln soll.

Im Umkehrschluss: Es ist ganz einfach, sich positiv abzuheben.

10.1 Die 7 Geheimnisse des Vertriebserfolgs

Wenn man sich erfolgreiche Telefonverkäufer betrachtet und nach einer Gemeinsamkeit sucht, ist man überrascht: Es gibt Frauen und Männer, Junge und Alte, Intellektuelle und Einfachstrukturierte, Laute und Leise. Kurz gesagt: Oberflächlich betrachtet gibt es keine Gemeinsamkeit. Es ist sogar oft überraschend: Man würde erwarten, dass es die redegewandten, charmanten Menschen mit der Samtstimme sind – aber es gibt auch ganz holprige oder eher zurückhaltende Charaktere, die den Charmebolzen den Rang ablaufen. Doch warum ist das so?

Im Folgenden zähle ich die, meiner Erfahrung nach wichtigsten, Erfolgsgeheimnisse auf (und pssst: Die Reihenfolge ist **nicht** zufällig gewählt. Nr. 1 halte ich tatsächlich für das Wichtigste)

10.1.1 Geheimnis Nummer 1: Das Wesentliche tun

Egal, wie entspannt Sie auch wirken: Es gibt keine erfolgreichen trägen oder faulen Verkäufer. Daraus folgt der wichtigste Grundsatz im Vertrieb: Das Wesentliche tun, und zwar immer und immer wieder.

Ich habe nur eine Chance erfolgreich zu sein, wenn ich den Kunden Angebote unterbreite. Dabei gibt es oft ein Gesetz der großen Zahl. Das heißt z.B. bei einer Outbound-Aktion, dass nicht alle Kunden, mit denen ich spreche, mein Angebot annehmen werden. Meistens erhalte ich mehr Absagen als Zusagen. Nehmen wir an, dass 10 % an meinem Angebot echtes Interesse zeigen: Ich muss also 10 Kunden anrufen, um einen Erfolg zu verzeichnen.

Da ich aber nur im Ausnahmefall jeden Kunden erreiche, den ich anwähle (falsche Nummer, Anrufbeantworter, nur Mitbewohner aber nicht Entscheider ist zu Hause ...), muss ich deutlich mehr Nummern wählen.

Bei meiner Outbound-Aktion mit 10 % echten Interessenten kann das so aussehen:

- 100 Anwahlversuche
- 50 erreichte Kunden
- 5 echte Interessenten, mit denen potenziell ein Termin vereinbart oder denen ein Angebot zugesandt werden kann.

Das heißt, nur bei 5 der 100 Anrufe kommt es auf mein vertriebliches Geschick an – ansonsten geht es **nur** darum, die Motivation aufrecht zu erhalten und einfach das Wesentliche zu tun, nämlich weiter Kunden anzurufen!

Das Gleiche gilt auch für die Ansprache von Kunden im Inbound. Erfolgreiches Cross- und Up-Selling[60] basieren darauf, dass möglichst viele Kunden auf die Möglichkeit angesprochen werden, weitere oder höherwertige Produkte und Dienstleistungen des Unternehmens zu nutzen.

Praxistipp

Das erste Geheimnis des Vertriebserfolges ist die Frustrationstoleranz. Der erfolgreiche Telefonverkäufer weiß, dass die sogenannten Misserfolge in Wirklichkeit Stufen zum Erfolg sind.

10.1.2 Geheimnis Nummer 2: Freundschaftsqualitäten zeigen

Nein, unbestritten: Es gibt auch den kurzfristig erfolgreichen Telefonvertrieb „anhauen, umhauen, abhauen", bei dem es darum geht, gegen den Kunden zu kämpfen oder ihn zu überlisten, um ihn zu besiegen. Aber darüber werden Sie in meinem Buch nichts Weiteres erfahren. Da dies ein Erfolg mit zu hohem Preis ist: Und damit meine ich keineswegs nur den Schaden, den solche Verkäufer den Kunden antun, sondern vielmehr den unternehmerischen Schaden. Ich bin davon überzeugt: Eine schlechte Haltung dem Kunden gegenüber schadet im Endeffekt immer dem Unternehmen selbst. Und es schadet darüber hinaus auch dem Verkäufer. Was macht es mit Ihnen, wenn Sie den ganzen Tag nur mit Idioten reden müssen? Wie viel schöner wäre das Leben, wenn Sie mit Freunden sprechen könnten.

Und damit sind wir beim 2. Geheimnis erfolgreicher Verkäufer – Ihre Kunden sind Ihre Freunde. Ich bitte Sie im Folgenden, das Wort Freund nicht auf die Goldwaage zu legen. Es geht nicht um die wenigen Menschen in Ihrem privaten Umfeld, denen Sie rückhaltlos vertrauen. Ich meine damit also nicht, dass diese erfolgreichen Menschen Privates nicht vom Geschäftlichen trennen können, oder dass sie privat keine Freunde hätten, sondern dass

---

[60] Unter Cross-Selling (Querverkauf) versteht man den Verkauf von sich ergänzenden Produkten oder Dienstleistungen. So wird z.B. einem Kunden im Café zur Tasse Kaffee noch ein Stück Kuchen angeboten. Up-Selling bezeichnet das Bestreben, einem Kunden statt einer günstigen Variante im nächsten Schritt ein höherwertiges Produkt oder eine höherwertige Dienstleistung anzubieten.

sie in ihre Kommunikation mit dem Kunden Freundschaftsqualitäten einbringen. Die richtig guten Verkäufer telefonieren nicht nur fleißig mit mehr Kunden als andere, sie haben auch noch Freude dabei (oft hört man bei diesen Telefonaten sogar Lachen – von beiden Seiten!). Auch wenn der Kunde zu Beginn des Gesprächs vielleicht etwas mürrisch und ablehnend ist (kann man doch verstehen, er weiß ja noch nicht, wer ich bin und um was es geht). Mit Ihrer herzlichen Art schaffen Sie es, mit den echten Interessenten eine gute zwischenmenschliche Basis für ein Gespräch zu schaffen. Sie hören aufmerksam zu und sind zuverlässig.

Vor Kurzem hatte ich ein Coaching-Gespräch mit einer erfolgreichen Telefonverkäuferin. Direkt zu Beginn kündigte sie mir an:

„Ich freu mich, dass Sie da sind, und bin sehr gespannt, was es noch zu lernen gibt, aber ich werde das Coaching-Gespräch in einer halben Stunde unterbrechen müssen, da habe ich nämlich der Frau Sadikis einen Rückruf versprochen, wegen ihrer Vertragsverlängerung."

Also starteten wir das Coaching, die Mitarbeiterin verlängerte zwischendurch noch den Vertrag mit Frau Sadikis. Es stellte sich heraus, dass die beiden nur einmal zuvor miteinander telefoniert hatten. Trotzdem wusste die Mitarbeiterin den Namen der Kundin und legte höchsten Wert darauf, ihre Zusage auf jeden Fall einzuhalten – echte Freundschaftsqualitäten.

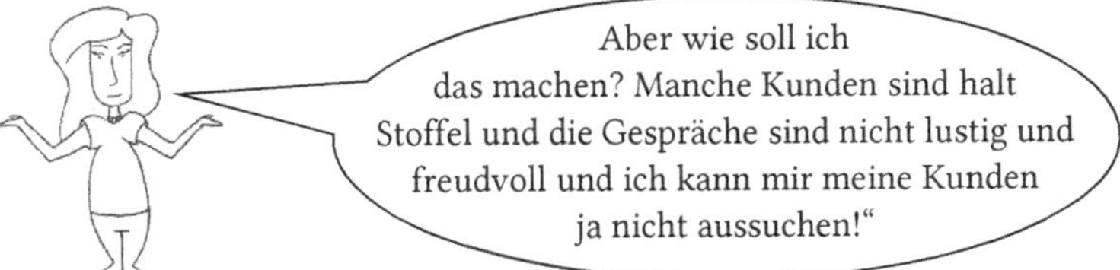

Vergegenwärtigen Sie sich: Welche Qualitäten Ihre Kunden mitbringen, ist sicher Ansichtssache. Wenn Sie deren Familien, Freunde, Geschäftspartner und Nachbarn fragen würden, gäbe es sicher Positives zu erfahren. Aus meiner Erfahrung kann ich Ihnen sagen: Sie werden immer das finden, was Sie suchen. Wenn Sie den Idioten oder Stoffel suchen: da ist er. Wenn Sie nach dem Guten im Menschen suchen: es ist da – immer. Werden Sie zum Entdecker.

Wenn Sie Geheimnis Nummer 2 einfach umsetzen möchten: Gehen Sie natürlich und herzlich ins Gespräch – so wie Sie bei einem guten Freund anrufen würden.

10.1.3 Geheimnis Nummer 3: Sinn erkennen

„Aber dieses Produkt/diese Leistung braucht doch kein Mensch!" Wenn Sie davon überzeugt sind, dann empfehle ich Ihnen, den Hörer nicht in die Hand zu nehmen. Das heißt nicht, dass Sie nichts verkaufen können, was Sie selbst für sich nicht nutzen würden. Sie können durchaus eine Glasversicherung verkaufen, auch wenn Sie für sich sagen, ich persönlich brauche die nicht. Oder Sie können Hundefutter verkaufen, auch wenn Sie zuhause Katzen haben und ein Hund für Sie als Haustier nicht in Frage käme. ABER: Sie müssen davon überzeugt sein, dass es Menschen gibt, für die Ihr Produkt oder Ihre Leistung ein echter Mehrwert ist, und dass sie einen Nutzen bringen.

Richtig toll ist es, wenn Sie von dem, was Sie da anbieten, sogar begeistert sind. Dass das nicht immer einfach ist, davon kann ich selbst Lieder singen. Ich war schon viele Jahre im Telefonverkauf und Kundenservice erfolgreich und hatte zahllose Mitarbeiter als festangestellte Trainerin und Coach bei der Telefonie unterstützt, als ich mich selbstständig machte. Nun ging es plötzlich darum, „mich selbst" zu verkaufen. Eigentlich fand ich mein Angebot durchaus respektabel, aber plötzlich war da dieses unangenehme Gefühl, mich anzubiedern, igitt!!! Gerne wäre ich einem kindlichen Wunschdenken verfallen: Ich mache eine gute Homepage und ein paar Flyer und die Kunden sollen mich dann anrufen und selbst entdecken, wie toll ich bin. Wer den Trainermarkt kennt, weiß aber, dass das nicht funktioniert. Ich musste mich also ganz intensiv damit beschäftigen, welchen Sinn ich stifte. Welchen Mehrwert und Nutzen haben Kunden davon, dass ich sie mit Seminaren und Coachings unterstütze?

Erkennen Sie den Trick? Sie schauen nicht auf Ihr Produkt, sondern darauf, was es dem Kunden bringt, und plötzlich können Sie wieder frei denken.

- Es geht nicht um Sie
- Es geht nicht darum, sich anzubiedern oder sich einzuschleimen
- Es geht nicht darum, dem Kunden etwas aufzuschwätzen

Es geht darum, was der Kunde davon hat, wenn er Ihre Produkte oder Leistungen nutzt. Es geht also nicht um den berühmten Hammer, sondern darum, wie sehr der Kunde sich darüber freut, sein Lieblingsbild an der Wand zu betrachten – jeden Tag wieder.

Stellen Sie sich also folgende sinnstiftende Fragen:

- Welchen Nutzen bringt es dem Kunden?
- Was kann es ihm kurz-, mittel- und/oder langfristig bringen?
- Worüber freut er sich?
- Was ermöglicht es ihm?
- Welche positiven Auswirkungen kann es noch haben?
- Welche positiven Erfahrungen haben Andere gemacht?
- Was ist für den Kunden besser daran als an vergleichbaren Produkten/Leistungen?
- Wo liegt im Vergleich zu anderen Produkten der Vorteil für den Kunden?
- …

Praxistipp

Kurz zusammengefasst, wenn Sie Geheimnis Nr. 3 umsetzen möchten, dann setzen Sie als tragende Basis für Ihre Anrufe den Sinn. Sie sind überzeugt vom Nutzen Ihrer Leistung/Ihres Produktes für den Kunden und können diesen anschaulich anhand von Beispielen schildern.

10.1.4 Geheimnis Nummer 4: Anders sein

Kennen Sie das? Sie wissen schon nach weniger als 10 Sekunden, dass es sich um einen Werbeanruf handelt. Sie hören schon gar nicht mehr richtig zu, sondern überlegen sich nur noch, wie Sie den Anrufer möglichst schnell loswerden.

Hier gilt es, das Muster zu unterbrechen. An was erkennen Sie den typischen Werbeanruf?

- Anrufautomatik (Sie haben sich bereits mit Vor- und Zunamen gemeldet, aber der Callcenter-Agent hat es nicht gehört und fragt nach: „Spreche ich mit Frau/Herrn *Vorname Zuname*?“.
- Hintergrundgeräusche eines Großraumbüros mit vielen Telefonaten.

- Abgelesene oder auswendig gelernte Sprechweise.
- Marketing-Formulierungen, die nur so vor Produktvorteilen strotzen.
- Schnelle Sprechweise mit wenig Pausen (Sprechen ohne Punkt und Komma).
- Rhetorische Tricks und Kniffe, die es dem Gesprächspartner fast unmöglich machen, sich freundlich aus der Affäre zu ziehen.
- ...

Halt alles ganz anders als bei einem normalen Gespräch – mehr so eine rhetorische Fließbandabfertigung.

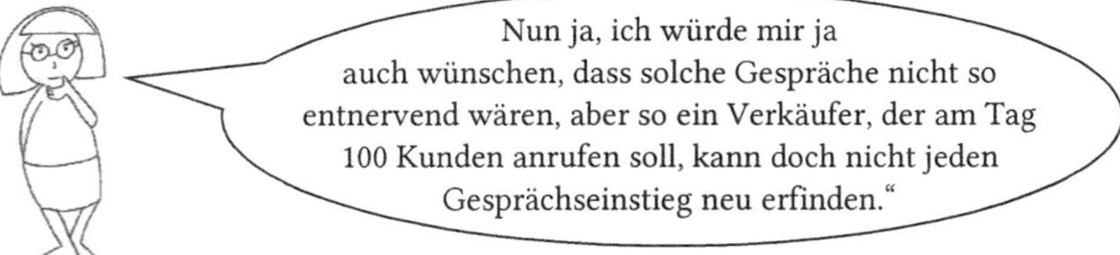

Und da hat Frau Dr. Krittel recht. Und natürlich sollen Sie sich auch vorbereiten und sich einen Gesprächseinstieg überlegen. Wichtig ist nur, ...

[1] dass dieser Einstieg **kein** typischer Marketingsprechsatz ist und sich deutlich unterscheidet von dem, wie es andere machen!

[2] dass Sie den Einstieg abändern, sobald Sie merken, dass Sie anfangen zu leiern. Damit meine ich, dass Sie das, was Sie sagen, nicht mehr gleichzeitig denken und fühlen können, also keine authentische Kommunikation mehr möglich ist. Ab diesem Zeitpunkt brauchen Sie einen neuen Einstieg. Deshalb empfehle ich, unterschiedliche Gesprächseinstiege zu entwickeln und immer mal wieder Abwechslung ins Spiel zu bringen.

Praxistipp

Geheimnis Nummer 4 ist, dass man Ihren Gesprächen nicht anhört, dass es Verkaufsgespräche sind. Sie überraschen den Kunden und bisweilen auch sich selbst.

10.1.5 Geheimnis Nummer 5: Zwei offene Ohren

Wir haben zwei Ohren zum Hören und nur einen Mund zum Sprechen: vielleicht haben Sie das schon einmal gehört. Es gilt im Grunde für jedes Kundengespräch: Zuhören ist mindestens genauso wichtig wie selbst sprechen. Die Zeit des Schweigens dient nicht nur der Ausformulierung der eigenen Gedanken, sondern ist eine Zeit des sich Einlassens und des Verstehens. In einem guten Akquisegespräch spricht der Kunde mehr als der Akquisiteur. Und das ist gar nicht so einfach, da der Kunde ja im Gegensatz zum Anrufer unvorbereitet ist. Der Kunde hat keinen Gesprächsleitfaden, er hat keine vorbereitete Argumentation – nein er hat sich meist noch nicht mal aktuell mit dem Thema auseinandergesetzt. Das heißt, ich muss den Kunden schnell und verständlich ins Thema einführen und ihn dann offen fragen und aufmerksam aktiv zuhören. Wenn ich das nicht tue, werde ich allen Kunden im Endeffekt die gleichen Vorteile nennen und dieselben Empfehlungen geben – bei manchen klappt es halt, bei manchen nicht. Wer aufmerksam zuhört, erkennt schnell, auf was es diesem einen Kunden ankommt. Was sind seine Bedürfnisse, was ist ihm wertvoll und wichtig, und nur darauf gehen Sie im Folgenden ein. Überschütten Sie den Kunden also nicht mit allen Vorteilen, erzählen Sie nicht jedem die immer gleiche Geschichte, sondern hören Sie zu und erzählen Sie im Anschluss nur das, was passt. Toll daran, die Gespräche verlaufen automatisch individuell und langweilen auch Sie nicht.

Praxistipp

Geheimnis Nummer 5 lautet: Ohren auf! Nennen Sie nur kurz und knapp Ihr Anliegen und fragen Sie dann offen nach!

10.1.6 Geheimnis Nummer 6: Verantwortung

Wie gehen Sie eigentlich mit Kaufsignalen von Kunden um? Wenn der Kunde also direkt oder indirekt eine Kaufabsicht formuliert, indem er ...

- offen zustimmt; z.B.: „Das gefällt mir“, „Das hört sich gut an“ „Prima, genauso habe ich mir das vorgestellt“
- konkrete Fragen zum weiteren Ablauf nach dem Kauf stellt; z.B.: „Wie schnell können Sie das realisieren?“, „Wie läuft das Ganze dann ab?“, „Wie ist die Lieferzeit?“, „Wenn ich heute unterschreiben würde, wann greift der Vertrag dann?“

- Folgeschritte in der Zukunft nach dem Kauf formuliert; z.B. „Wenn wir den Drucker haben, müssen wir das Büro etwas umbauen, da das Modell größer ist als unser bisheriges ...", „Die Rechnung gebe ich dann direkt an meinen Steuerberater weiter, damit der sich darum kümmert, dass wir das absetzen können."

Wie reagieren Sie dann?

bloß nicht!

- Ignorieren Sie das Kaufsignal und preisen weitere Vorzüge Ihrer Produkte und Leistungen an? (Wenn es dem Kunden ernst ist, dann wird er sich schon noch mal melden.)
- Vertagen Sie die Entscheidung? Sagen Sie etwas wie:
  „Ja, am besten Sie überlegen sich das in Ruhe und schlafen noch mal eine Nacht darüber. Ich will Sie hier auch nicht überrumpeln, und Spontanität will ja bekanntermaßen wohlüberlegt sein. Vielleicht fragen Sie auch noch mal einen befreundeten Anwalt, Ihren Steuerberater oder holen ein paar Vergleichsangebote ein."

Das gibt es doch
gar nicht. Sowas sagt doch kein Mensch
an dieser Stelle, oder?"

Ok, Frau Frama, ich habe etwas übertrieben, aber so ähnlich passiert das tatsächlich häufig. Wenn ich als Trainerin und Coach den Verkäufer dann frage, was dabei innerlich in ihm vorgeht, sagt dieser oft so was wie: „Der Kunde soll ja nicht das Gefühl haben, dass ich ihm etwas aufdränge." oder: „Das kann nur der Kunde entscheiden und nicht ich.".

Hier sind wir bei einem wichtigen Unterschied zwischen Beratung und Verkauf. Ein Berater darf unabhängig bleiben, zeigt nur Optionen auf und zieht sich bei der Entscheidung vornehm zurück. Als Verkäufer sind Sie überzeugt von Ihrer Lösung und geben eine klare Empfehlung. Außerdem bestärken Sie den Kunden in seiner Kaufentscheidung. Alles andere wirkt äußerst suspekt: Zuerst überzeugen und dann plötzlicher Rückzug. Wenn nach dem Kauf irgendetwas schief geht, denkt der Kunde sofort: „Ich habe es doch geahnt, der war so komisch beim Abschluss." Wenn Sie bei der Kaufentscheidung des Kunden zurückschrecken, überdenken Sie noch mal Ihre Einstellung. Idealerweise verkaufen Sie nur das, wozu Sie auch wirklich stehen und wenn der Kunde danach reklamiert, sollten Sie immer das Gefühl haben, ok – das kann passieren, aber deswegen war meine Empfehlung trotzdem nicht falsch.

Natürlich gibt es immer Gegebenheiten (Naturkatastrophen, Börsencrashs oder, oder), die Sie zum Zeitpunkt Ihrer Empfehlung nicht einkalkulieren konnten.

Wenn Sie jetzt als Angestellter Tausenden von Kunden Angebote offerieren sollen, sagen Sie vielleicht: „Woher kann ich wissen, dass diese Angebote wirklich gut sind?" Informieren Sie sich bei Ihrem Arbeitgeber und machen Sie Ihren Job. Ein Teil Ihres Angestelltendaseins ist auch: Sie dürfen Verantwortung an Ihren Arbeitgeber abgeben. Sprich Reklamationen aufgrund von falschen Informationen, die Sie im besten Wissen weitergegeben haben, müssen Sie nicht persönlich verantworten. Ihr Job ist die Akquise. Hierfür tragen Sie die Verantwortung:

- In Bezug auf den Kunden: dass dieser in seiner Kaufentscheidung von Ihnen unterstützt wird.
- In Bezug auf das Unternehmen: dass das Produkt an den Markt kommt und dass Umsatz generiert wird.

Wenn Sie das für unlauter halten, dann haben Sie drei Möglichkeiten:

[1] Überdenken Sie Ihre Einstellung – siehe Geheimnis Nummer 3: Sinn.

[2] Diskutieren Sie mit Ihren Kollegen und Ihrem Arbeitgeber Ihre Zweifel und seien Sie bereit, sich auch eines Besseren belehren zu lassen.

[3] Suchen Sie sich einen Arbeitgeber, der Produkte und Leistungen anbietet, die Sie mit gutem Gewissen unterstützen können.

Von einer möglichen Lösung 4, nämlich zwar Akquisetelefonate zu führen, aber bei Kaufentscheidungen immer schnell auf unabhängigen Berater umzuschalten, rate ich Ihnen klar ab. Damit tun Sie weder dem Kunden noch sich selbst einen Gefallen.

Praxistipp

Geheimnis Nummer 6 lautet: Drücken Sie sich nicht vor der Verantwortung und geben Sie dem Kunden eine klare Empfehlung. Unterstützen Sie seine Kaufentscheidung.

10.1.7 Geheimnis Nummer 7: Barrieren abbauen

Dieses Geheimnis hängt oft mit Nummer 6 zusammen, tritt manchmal aber auch unabhängig davon auf, deshalb möchte ich es hier separat aufführen. Es geht darum, dem Kunden den eigentlichen Kaufakt leicht zu machen und nicht zu problematisieren.

Ich erschrecke immer wieder, wie selbst alte Hasen Käufern Barrieren aufbauen. Der Kunde zeigt Interesse und dann wird es kompliziert:

- „Wenn Sie jetzt Produkt A gekauft hätten, dann hätten wir das auf Lager und Sie könnten es in Bayreuth abholen, wobei Sie dafür ja einen Schwerlastanhänger gebraucht hätten. Also bestellen Sie jetzt am besten A2, den wir (wenn das denn mal funktioniert) auch liefern würden. Dafür finden Sie auf der Seite www.Keofisd.de (ich buchstabiere das noch mal, da vertippen sich die meisten) ein 5-seitiges Bestellformular. Bitte füllen Sie da nur Seite 1 unten und Seite 3 und 4 aus und faxen Sie das dann an folgende Nummer ... mit dem Vermerk, dass es zu Händen von Frau Xanthippe geht und am besten noch die Abteilung drauf, das ist die ... und achten Sie darauf ... Falls Sie dann keine Rückmeldung innerhalb von drei Tagen bekommen, sollten Sie dringend unseren Kundenservice anrufen, ich gebe Ihnen dazu mal die Nummer, da sonst die Gefahr besteht, dass ..."
- „Dann bräuchten wir erst mal von Ihnen die Legitimationsberechtigungsanalyse und müssten dann noch mal prüfen, ob ..., das geht aber nur schriftlich per Einschreiben mit ... und da gibt es manchmal das Problem, dass ..."

Vielleicht kennen Sie den Werbespruch eines Stromanbieters: „Weil einfach einfach einfach ist". Genau das ist es, was der Kunde sich wünscht. Er hat, um sich etwas Gutes zu tun oder um ein Problem zu lösen, eine Kaufentscheidung getroffen. Er will keine neuen Probleme kaufen! Ja klar, manchmal ist es nicht einfach, z.B. müssen Sie, um den Stromanbieter zu wechseln, viel Kleingedrucktes lesen, sich mit Strompaketen, Vorauskasse, Kautionszahlungen und Laufzeiten sowie Kündigungsfristen beschäftigen ... Aber das sollte der Verkäufer dem Kunden so einfach wie möglich machen. Ansonsten wird der Kunde den zugesandten Vertrag wahrscheinlich zuhause liegen lassen und nicht unterschrieben zurücksenden, da er nach dem Telefonat schon wieder vergessen hat, auf was er alles achten soll oder es ihm einfach zu umständlich ist.

Für Verkäufer gilt hier der Slogan: Erfahrung macht nicht immer klug. Gerade Problemerfahrungen führen oft zu eher ungünstigen Lerneffekten: Der Verkäufer merkt sich alle Probleme, die schon mal aufgetaucht sind. Damit beim nächsten Kunden auch wirklich alles klappt, erklärt er ihm, was alles schieflaufen könnte. Unglücklicherweise entsteht damit beim

Kunden schnell der Eindruck, dass alles total umständlich ist und bei diesem Unternehmen nie etwas klappt. Dadurch zweifelt er natürlich, ob seine Kaufentscheidung richtig war.

Ein guter Verkäufer lichtet den Dschungel für den Kunden. Er verhindert, dass sich der Kunde in den Problemschlingpflanzen verheddert. Durch eine gute Bedarfsanalyse macht er ein, höchstens zwei Angebote, schildert dann die Folgeschritte so einfach wie möglich und bietet ggf. Unterstützung an.

Nehmen wir z.B. an, Sie brauchen ein „kompliziertes" Post-Ident-Verfahren vom Kunden, könnte sich das so anhören:

- „Das freut mich, da haben Sie sich wirklich für ein eine super Sache entschieden! Wir machen das jetzt wie folgt: Wir haben da das praktische Post-Ident-Verfahren. Sie müssen also nicht persönlich anreisen. Ich schicke Ihnen ein Formular zu und Sie gehen einfach damit zur nächsten Postfiliale. Wissen Sie, wo die bei Ihnen ist, oder soll ich kurz für Sie nachsehen?"

Sicher, viele Kunden werden es trotzdem kompliziert finden (Öffnungszeiten der Post, lange Warteschlangen am Samstag ...), aber Sie schildern den Weg erst mal einfach und vielleicht haben Sie ja auch gerade den Kunden dran, der eh diese Woche noch zur Post gehen wollte.

Praxistipp

Noch mal kurz gefasst das Geheimnis Nr. 7: Weder das Angebot noch der Kaufakt sollte den Kunden überfordern. Machen Sie es dem Kunden einfach!

10.2 Mit Struktur Schritt für Schritt zum Ziel

Einfach mal ein paar Kunden anrufen und etwas anbieten? Sicher besser als gar keine Telefonakquise, aber wirklich erfolgversprechend ist das nicht. Im Folgenden sehen wir uns an, wie eine Outbound-Akquise von der ersten Planung bis zur Nachbearbeitung strukturiert aussehen kann.

10.2.1 Planung und Vorbereitung

Das ist einmal die generelle Planung einer Outbound-Aktion: Dabei geht es darum herauszufinden, wer überhaupt angerufen werden soll. Es sind Daten zu filtern, Listen vorzubereiten sowie eine generelle Strategie und einen Gesprächsleitfaden zu entwickeln. Daneben gibt es die individuelle Vorbereitung. Das ist die Zeit, die der Anrufer, also Sie, direkt vor dem Telefonat für die Einstimmung und Vorbereitung aufwenden.

Generelle Planung einer Outbound-Aktion

Vor einiger Zeit hatte ich den Auftrag, ein mittelständisches Unternehmen in der Akquise zu unterstützen. Die Führungskraft klagte: „Irgendwie kriegen die Mitarbeiter das nicht hin." Die Mutmaßung der Führungskraft war, die Mitarbeiter seien nicht richtig motiviert. Dementsprechend wünschte er sich einen Motivations-Workshop. Um den Auftrag besser zu verstehen, erkundigte ich mich nach den Rahmenbedingungen. Dabei stellte sich heraus, dass die Mitarbeiter während ihrer normalen Arbeitszeit, immer wenn Puffer ist, ihre Kundendaten durchgehen sollten, kurz prüfen, wo Bedarf bestehen könnte, und dann einfach mal anrufen sollten. Dabei könnten sie dann auch direkt checken, ob die Daten noch aktuell seien und diese gegebenenfalls aktualisieren. Als ich dann bei der Hospitation ein recht lautes Großraumbüro vorfand, hatte ich einige Ideen dazu, warum es den Mitarbeitern schwerfiel, sich für die Outbound-Telefonie zu motivieren.

Die Führungskraft und ich bereiteten daraufhin mit Hilfe einer Checkliste[61] eine Outbound-Aktion vor. Jeder Mitarbeiter hatte fortan drei Stunden wöchentlich in einem Einzelbüro (das ansonsten als Besprechungsraum diente), um seine Kunden anzurufen. Wir legten eine Zielgruppe fest und selektierten, unterstützt durch einen EDV-Experten, geeignete Daten aus der Datenbank. Die Assistenz der Führungskraft prüfte diese in Bezug auf Vollständigkeit und Aktualität, sodass aussagekräftige Listen für die Telefonie erstellt werden konnten. Danach entwickelten wir in einem dreistündigen Workshop gemeinsam mit den Mitarbeitern für ein Produkt einen Gesprächsleitfaden, den wir in Rollenspielen erprobten. Die Führungskraft besprach mit jedem Mitarbeiter das Umsatzziel der Aktion, sodass dies für jeden transparent war.

Die Aktion war erst mal für zwei Monate geplant, hat sich aber inzwischen fest als Alltagsroutine etabliert. Bereits nach einem Monat hatte das Unternehmen das angestrebte Umsatzziel erreicht und sowohl die Führungskraft als auch die Mitarbeiter waren sehr zufrieden.

---

[61] Vgl. Checkliste auf Seite 169

In einem regelmäßigen Jour fixe, in dem sich die Mitarbeiter über ihre Outbound-Aktivitäten austauschen und inzwischen auch selbstständig neue Aktionen planen, brachte es eine Mitarbeiterin auf den Punkt: „So ergibt Outbound-Telefonie Sinn. Ich hätte das nie gedacht – aber inzwischen freue ich mich richtig auf diese ruhigen drei Stunden, in der ich nicht reagiere, sondern aktiv auf meine Kunden zugehen kann."

Klären Sie in jedem Fall zuallererst die rechtlichen Fragen, denn es gibt inzwischen strenge Vorschriften, wer von Unternehmensseite telefonisch kontaktiert werden darf. Dabei wird zwischen dem Geschäft mit Privatkunden B2C (Business to Customer), und dem Geschäftskundenbereich B2B (Business to Business) unterschieden. Für diese gelten unterschiedliche gesetzliche Vorgaben, wobei die Privatkunden einen höheren Schutz erfahren, also auf keinen Fall einfach so ohne ihr Einverständnis angerufen werden dürfen. Während beim Geschäftskunden eine berechtigte Annahme eines Interesses ausreichen kann, muss vom Privatkunden eine ausdrückliche Zustimmung vorliegen.[62]

Wann ist die Zielgruppe am besten erreichbar?

Zum Thema „wann soll telefoniert werden": Hier ein Vorschlag zur Selektion der Zielgruppen im Privatkundenbereich nach bestmöglicher Erreichbarkeit:

Uhrzeit	Zielgruppe	Hinweis
Ab 9 Uhr	Rentner, Altersgruppe ab 65	Möglichst nicht nach Einbruch der Dunkelheit oder außerhalb der Geschäftszeiten anrufen, da schnell Misstrauen entsteht (Enkeltrick)
11–13 Uhr	alle Zielgruppen (mobil)	Sie rufen in der Mittagspause an. Die Person ist entweder am Arbeitsplatz, unterwegs oder beim Essen.
17–19.30 Uhr	alle Zielgruppen	Sie rufen in der Freizeit an. Der Kunde ist wahrscheinlich zuhause.
13–15.00 Uhr	Schüler und Studenten	Diese Zielgruppe ist generell auch gut während der Schulferien bzw. Semesterferien erreichbar.

62 Vgl. UWG Gesetz gegen den unlauteren Wettbewerb. Prüfen Sie in jedem Fall die aktuelle Gesetzgebung und holen Sie sich in bei Bedarf den Rat eines spezialisierten Juristen. Im Unternehmen selbst sollten Sie zur Sicherheit mit dem Datenschutzbeauftragten sprechen.

Zur Planung gehört auch, dass Sie sich darüber Gedanken machen, was Sie tun, wenn Sie Kunden nicht erreichen und hierfür Prozesse und Vorlagen, wie z.B. Musteranschreiben vorbereiten.

Was mache ich, wenn ich einen Kunden gar nicht erreiche?

Dass Sie einen Kunden nicht erreichen, kann unterschiedlichste Gründe haben. Oft stimmt etwas nicht mit der Telefonnummer: „Diese Rufnummer ist nicht vergeben" oder „Kein Anschluss unter dieser Nummer" oder vielleicht meldet sich auch ein komplett anderer Mensch am Ende der Leitung, der so rein gar nichts mit Ihrem Kunden gemein hat? Checken Sie kurz das Telefonverzeichnis nach aktuellen Einträgen. Wenn Sie dort nicht fündig werden, empfehle ich Ihnen, den Kunden schriftlich per Mail oder Post zu kontaktieren.

Mustertext „keine aktuelle Rufnummer":

Sehr geehrte Frau Mustermann,

da ich Sie unter der bei uns vermerkten Telefonnummer nicht erreichen konnte, freue ich mich, wenn Sie mich in den nächsten Tagen unter der ... zurückrufen. Es geht um Neuerungen .../ wichtige Möglichkeiten und Vorteile rund um ...

Vielen Dank im Voraus

Wenn Sie einen Kunden nach mehrmaligen Versuchen nicht erreichen, macht es keinen Sinn, es auf dem gleichen Kanal immer wieder zu versuchen. Das ist ungefähr so, wie wenn Sie an einer Fahrstuhltür stehen und immer wieder den Knopf drücken, aber der Fahrstuhl kommt nicht. Nach einer Weile werden Sie sich nach dem Treppenaufgang umsehen. Genauso sollten Sie es auch bei den Anwahlversuchen handhaben. Schreiben Sie den Kunden einfach kurz an. Der günstigste Weg ist hier die E-Mail. Wenn auch diese nicht fruchtet, versuchen Sie es per Post.

Mustertext: Kundenbrief „nicht erreichbar":

Sehr geehrter Herr Mustermann,

in den vergangenen Tagen habe ich mehrfach versucht, Sie telefonisch zu erreichen. Ich freue mich, wenn Sie mich in den nächsten Tagen unter der Rufnummer ... zurückrufen. Es haben sich neue Möglichkeiten und Vorteile rund um ... ergeben.

Herzliche Grüße

Wie oft wähle ich eine Rufnummer an?

Folgende Vorgehensweise hat sich bewährt.

Rufen Sie

- an drei verschiedenen Tagen
- zu drei verschiedenen Uhrzeiten
- in zwei Kalenderwochen

beim Kunden an.

Auswertung der Outbound-Telefonie

Oft führen erfolglose Anrufversuche zu einer großen Frustration. Wirken Sie dem entgegen, indem Sie die Zusammenhänge transparent machen. Sammeln Sie dazu Ihre Erfahrungen (und ggf. die Ihrer Kollegen) und werten Sie diese aus.

Hier ein Beispiel für eine Aktion, bei der Kunden zu einem Jahresgespräch eingeladen werden. Die Mitarbeiter führen bei der Telefonie Strichlisten zu folgenden Punkten:

Anwahl versuche	Erreichen des richtigen Ansprechpartners	Termin	Wiedervorlage nicht erreicht (Anwahlversuch 1–8)	Anschreiben nicht erreichbar (falsche Rufnummer oder 8 erfolglose Versuche)	kein Interesse

Im Anschluss werden die Strichlisten ausgewertet:

Ergebnis Einladung von Kunden zum Jahresgespräch

Wählversuche gesamt: 7.480

Erreicht: 4.890

Termine: 690

Wiedervorlagen: 1.100

nicht erreichbar (schriftlich kontaktiert) 380

kein Interesse: 420

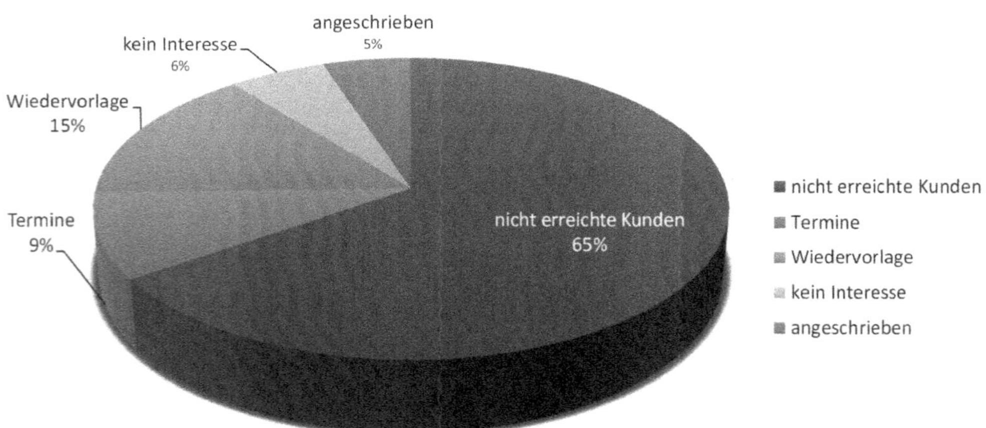

Der Vorteil einer solchen Auswertung ist, dass sie extrem motivationssteigernd ist. Wenn Sie wissen, dass Sie 10 Anwahlversuche brauchen, um einen Termin zu machen, dann ist das „normal" und kein persönliches Versagen oder Schicksal. Sie können sich nach 5 Misserfolgen sogar anfangen zu freuen „ach nur noch 5, dann habe ich den nächsten Termin!" Sie können so auch planen, wie viel Zeit Sie für Ihre Zielerreichung brauchen. Wenn Sie also 10 Termine in der Woche als Zielsetzung haben, wissen Sie, dass Sie ca. 100 Anwahlversuche brauchen werden, um Ihr Ziel zu erreichen. Je nach Zeitaufwand pro Gespräch (dies lässt sich nach 1–2 Wochen gut abschätzen) können Sie so z.B. 10 Stunden pro Woche für die Telefonie einplanen.

Zudem kann ein Unternehmen auf diese Weise auch die Effizienz einer Outbound-Aktion ermitteln. Wenn zusätzlich die durchschnittlichen Gewinne pro Kundentermin miteinbezogen werden, kann der gewiefte Controller herausfinden, ob sich Kosten und Nutzen der Outbound-Telefonie die Waage halten.

Wobei natürlich auch immer „weiche Faktoren“ miteingerechnet werden müssen, die sich erst langfristig zeigen. Als aufmerksamer Leser erinnern Sie sich vielleicht: Ein Kunde, der (angenehmen) persönlichen Kontakt mit einem Unternehmen hat, fühlt sich deutlich mehr gebunden und ist nicht so schnell bereit zu wechseln!

Checkliste Planung einer Outbound-Aktion

Hier eine kurze Zusammenfassung der wichtigsten Fragen für Ihre Planung:

Thema	Konkrete Vorbereitung
Was wird angeboten?	Welche Produkte und Leistungen möchten Sie anbieten? Welche Informationen gibt es darüber (Homepage, Flyer, interne Materialien ...), und wie sollen diese ggf. beim Telefonat genutzt werden? Welchen Nutzen bietet das Angebot für den Kunden? Wer sind die Mitbewerber (Preise/Leistungen) und wie heben Sie sich positiv von ihnen ab?
Welches konkrete Ziel verfolgen Sie?	Wie viel Umsatz soll die Aktion generieren? Welche Ziele gibt es ansonsten (Kundenbindung ...)? Kennt jeder das Ziel bzw. wie kommunizieren Sie das Ziel, sodass es Akzeptanz findet? Wird das Gesamtziel von einer Gruppe auf den einzelnen Mitarbeiter heruntergebrochen? Wenn ja, werden individuelle Faktoren berücksichtigt oder soll jeder gleich viel leisten? Sind die Ergebnisse des einzelnen Mitarbeiters transparent und wenn ja, wie wird die Vorgehensweise kommuniziert (ggf. auch an den Betriebsrat)?

<table>
<tr><td>Wer wird angesprochen?</td><td>Wer ist die genaue Zielgruppe?
In welcher Form werden die Daten den Telefonierenden zu Verfügung gestellt?
Wie wird sichergestellt, dass Telefonnummern und Ansprechpartner aktuell sind?
Wie stellen Sie sicher, dass der Telefonierende alle wichtigen Informationen über den Kunden auf einen Blick erfassen kann (Reduzieren von Vorbereitungszeiten, Vermeiden von Fettnäpfchen: „Aber Sie müssten doch wissen, dass …“)?</td></tr>
<tr><td>Wo soll telefoniert werden?</td><td>Ist es möglich, einen ruhigen, ungestörten Arbeitsplatz zur Verfügung zu stellen?
Wenn nein:
• Wie können Störquellen minimiert werden?
• Wie stellen Sie sicher, dass der Kunde keine Hintergrundgeräusche hört (z.B. durch hochwertige Headsets)?
Welche EDV steht den Mitarbeitern bei der Telefonie zu Verfügung?
Welche weiteren Unterlagen/Hilfsmittel sind vorhanden?</td></tr>
<tr><td>Wann soll telefoniert werden?</td><td>Wann ist die Zielgruppe am besten erreichbar?
Wie kann eine Einsatzplanung organisiert werden?</td></tr>
<tr><td>Wie werden Wiedervorlagen organisiert?</td><td>Wie gehen Sie mit Kunden um, die Sie nicht erreichen?
Wie oft wählen Sie eine Nummer an, die Sie nicht erreichen? Ändern Sie die Anrufzeiten?
Wie stellen Sie sicher, dass auch bei Ausfall eines Mitarbeiters dessen Wiedervorlagen nicht vergessen werden? Gibt es einen gemeinsamen Kalender für Wiedervorlagen?</td></tr>
<tr><td>Wie sprechen Sie den Kunden konkret an?</td><td>Wie erarbeiten Sie einen Gesprächsleitfaden und erproben ihn?
Wie steigen Sie ins Gespräch ein (verschiedene Einstiegssätze)?
Welche Einwände von Kundenseite sind zu erwarten und wie gehen Sie damit um?
Sprechen Sie auf Anrufbeantworter und wenn ja was?
Wann und wie oft tauschen Sie sich über Ihre Kundengespräche während der Aktion aus, um voneinander zu lernen?</td></tr>
</table>

Individuelle Vorbereitung auf ein Outbound-Gespräch

Als mein Mann einmal zufällig zuhause war, während ich meine Akquise-Telefonate führte, kam er nach einer Stunde, als ich gerade eine kurze Pause machte, herein und fragte: „Sag mal, was machst du denn, ich dachte du arbeitest?“ „Tue ich doch“, erwiderte ich irritiert, „ich habe gerade drei Termine für die nächste Woche vereinbart.“ „Ich höre dich im Nebenzimmer die ganze Zeit nur lachen“, erwiderte er augenzwinkernd. Ich war ganz verblüfft. Das war mir gar nicht bewusst. Lache ich wirklich so oft? Ich fing an darauf zu achten – und tatsächlich, wenn ich einen „guten Lauf“ hatte, sprich, wenn ich erfolgreich outbound telefonierte, dann lachte ich tatsächlich viel mit meinen Kunden. Ich fing an, anderen erfolgreichen Verkäufern unter diesem Gesichtspunkt zuzuhören und stellte fest, sie waren alle gut gelaunt und machten den Eindruck, Spaß bei der Arbeit zu haben.

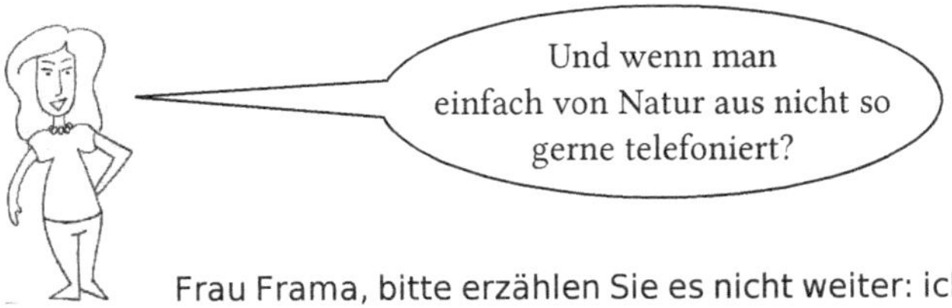

Und wenn man einfach von Natur aus nicht so gerne telefoniert?

Frau Frama, bitte erzählen Sie es nicht weiter: ich telefoniere selbst auch gar nicht so gerne (also mit guten Freundinnen schon, aber ... Outbound). Gerade wenn ich einen miesen Tag habe, fällt mir es wirklich schwer, mich aufzuraffen. Eigentlich bin ich sogar etwas schüchtern, das merkt man nicht gleich, aber bis zu meinem 5. Lebensjahr habe ich mich konsequent hinter meinen Eltern versteckt, wenn mich ein Unbekannter angesprochen hat. Okay, aus der Phase bin ich raus, aber ganz ehrlich: wildfremde Leute anrufen ... und eigentlich müsste ich ja auch noch diesen einen Beleg für die Steuer suchen, mein Büro mal aufräumen und, und, und ...

Sie sehen, selbst Profis sind nicht gegen die Scheu vor dem Telefon gewappnet und müssen sich selbst Mut zusprechen. Für mich selbst fühlt sich das Lächeln vor dem ersten Telefonat manchmal eher wie „Wahnwitz“ an. So ein wenig, wie wenn man auf einem Sprungbrett steht und Angst hat runterzuspringen und sich dann überwindet: Ich renne jetzt einfach los, mit weit aufgerissenen Augen und einem Lachen im Gesicht. Nach dem Sprung wird daraus ein erlöstes Lächeln oder sogar ein gemeinsames Lachen mit dem Kunden. Natürlich nicht die ganze Zeit, und manchmal passt es beim Kunden halt wirklich gerade nicht. Dann schnell ohne Zögern wieder rauf zum nächsten Sprung, jetzt weiß ich ja, wie es geht und dass der Sprung ganz einfach ist.

Warum erzähle ich Ihnen das? Weil ich weiß, dass dies der wichtigste Schritt in der Vorbereitung ist: Wählen Sie eine positive Einstellung. Vielleicht finden Sie auch eine Metapher dafür. Bei mir ist es das Abenteuer des Sprungs, der genau die richtige Mischung zwischen Spannung und Freude auf das Neue bringt. Wichtig ist, dass es Sie in eine freudige Stimmung versetzt.

Praxistipp

Warten Sie nicht auf den Tag X, an dem Sie in Stimmung sind, um gute Akquise-Telefonate zu führen. Bringen Sie sich selbst bewusst in freudige Stimmung – wählen Sie eine positive Einstellung!

Und jetzt mal ganz pragmatisch: Sie haben bei Ihrer Planung bereits eine Auswahl getroffen, welche Kunden Sie anrufen möchten. Vor dem Telefonat schauen Sie sich die Kundendaten noch einmal an. In Bezug auf diesen Teil der individuellen Vorbereitung schlagen zwei Herzen in meiner Brust.

Einerseits finde ich es wichtig, dass man nicht eiskalt beim Kunden anruft, nichts über ihn weiß und sich dann blamiert, da der Kunde sich über fehlende Informationen wundern könnte: „Ja, aber das hatten wir doch schon mal besprochen. Steht das nicht in Ihrer Datenbank?

Andererseits habe ich bei Trainings-on-the-Job schon so oft erlebt, dass Mitarbeiter sich gefühlte Stunden auf ein Telefonat vorbereiteten, und der Gesprächspartner dann nicht erreichbar war.

Ich bin deshalb immer für eine ganz klare Kosten-Nutzen-Analyse, die ich Ihnen anhand von zwei Fällen erläutern möchte:

Fall A: Sie haben eine Liste mit 3000 Nummern von Privatkunden, denen Sie eine Vertragsanpassung anbieten möchten. Sie telefonieren während der normalen Geschäftszeiten und erreichen ca. in jedem 5. Fall den richtigen Ansprechpartner. Dann bedeutet für mich Vorbereitung:

- Sie haben sich in einen positiven Zustand versetzt.
- Sie haben den Gesprächsleitfaden vor sich liegen.
- Sie haben vorab einmal den Namen laut ausgesprochen.

- Sie haben die wichtigsten Punkte des bestehenden Vertrages/der bestehenden Verträge kurz überflogen.

Fall B: Wenn es nun darum geht, dass Sie drei Geschäftführer ermittelt haben, die Sie für eine Kooperation gewinnen möchten. Es geht um das Geschäft Ihres Lebens. Dann bedeutet Vorbereitung:

- Sie sind mental bestens auf die Herausforderung vorbereitet.
- Sie haben individuell für diese Person eine ausgefeilte Gesprächstrategie entwickelt. Durch gründliche Recherche wissen Sie, welcher Gesprächszeitpunkt passend ist. Ihren Gesprächseinstieg haben Sie (ggf. mehrmals) mit einem Kollegen durchgespielt.
- Sie kennen nicht nur seinen Namen, sondern auch den seiner Frau, seiner Assistenz, seiner Geschäftsfreunde und seines Hunds.
- Sie haben alle sozialen Medien und die Fachpresse gründlich studiert, kennen seine politischen Ansichten, Einstellungen und Hobbys.
- Sie kennen seine wichtigsten Erfolge, die größten Herausforderungen seines Business und seine Pläne.

Praxistipp

Planen Sie Ihre Telefonaktion gründlich und investieren Sie hierfür Zeit. Achten Sie aber darauf, dass Sie sich bei der individuellen Vorbereitung auf das Telefonat (vor allem bei großen Aktionen mit vielen Kunden) nicht verzetteln. Sonst müssen Sie nach einigen Stunden vielleicht feststellen: „Jetzt habe ich wieder niemanden erreicht, schade!“

10.2.2 Gesprächseinstieg[63]

„Hallo, mein Name ist Else Meier von Majaevents. Sie wissen ja, Majaevents ist ein Anbieter von Geschäftsreisen. Sie hatten uns ja schon einige Male in diesem Zusammenhang kontaktiert. Was Sie bisher noch nicht genutzt haben, sind unsere Organisationsleistungen. Wir organisieren nämlich auch Firmenveranstaltungen. Wir haben Ihnen vor einigen Tagen

---

63 Die im Folgenden beschriebenen Gesprächsphasen entsprechen den vier Phasen des Telefonats, die bereits in Kapitel 6 beschrieben wurden. Die Phasen werden hier konkret in Hinblick auf die besonderen Herausforderungen der Akquise beschrieben.

Informationen zu unserem Angebot zugesandt und ich wollte mal fragen, ob die angekommen sind."

Das ist ein klassischer Einstieg, wie ich ihn immer wieder höre. Anhand dieses Einstiegs möchte ich gerne aufzeigen, welche Fehler Sie vermeiden sollten:

Fehler Nummer 1: Unpersönlich einsteigen

Die meisten Menschen melden sich mit ihrem Namen, wenn sie ans Telefon gehen. Nutzen Sie das: Begrüßen Sie den Menschen (ganz egal wer dran geht) am besten wie einen guten Bekannten. Sie können sich sicher sein, dass Sie dadurch die Aufmerksamkeit enorm erhöhen.

Die persönliche namentliche Ansprache bei der Begrüßung ist mein Lieblingseinstieg. Den nutze ich auch privat. Wenn ich zum Beispiel bei einem gefragten Arzt oder Handwerker einen Termin bekommen möchte, wo zu erwarten ist, dass direkt ein „Wir nehmen keine neuen Patienten" oder „Erst in 3 Monaten" zu erwarten ist. Ohne zu lügen baue ich damit eine *wir-kennen-uns*-Atmosphäre auf. Ich spitze zu Beginn ganz konzentriert die Ohren und sage dann: „Ah, Frau Deniz, gut dass ich Sie dran habe, hier ist Agathe Gandaa, ich brauche ganz dringend einen Termin." Das „Ah" und „gut, dass ich SIE dran habe" verstärkt den Effekt. Gerade, wenn der Gesprächspartner nicht Müller, Meier oder Schmitz heißt, fühlt er sich garantiert sehr persönlich angesprochen, und hat im besten Fall den Eindruck Sie bereits zu kennen.

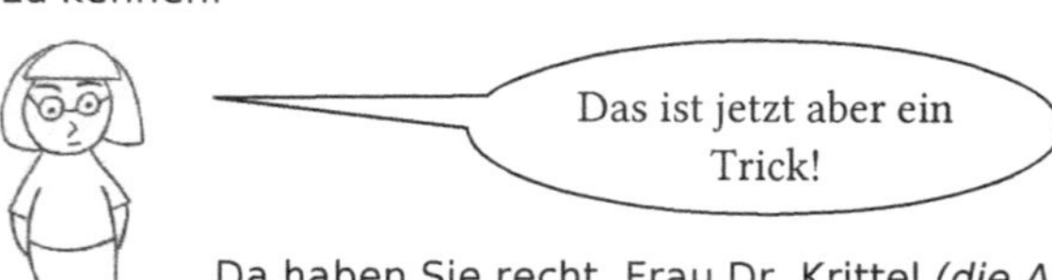

Da haben Sie recht, Frau Dr. Krittel *(die Autorin errötet sanft).*

Fehler Nummer 2: Zu viel reden

Gerade bei den klassischen Einstiegen entsteht beim Kunden schnell Missmut. Darum fassen Sie sich kurz. Sagen Sie nur:

[1] Wer Sie sind (Vor- und Zuname),

[2] von wo Sie anrufen (Unternehmen),

[3] Ihr Anliegen (kurz und knackig).

Verfallen Sie beim Schildern Ihres Anliegens auf keinen Fall in Endlosmonologe, bei denen Sie schon versuchen, Ihr Unternehmen und alle Vorteile Ihrer Leistungen umfassend vorzustellen. Der Kunde soll wissen, wer Sie sind und um was es geht – sodass er es verstehen kann.

Sie müssen dabei Ihre Verkaufsabsicht nicht verstecken. Sie dürfen sogar sagen, dass Sie ein Angebot haben, oder dass Sie gerne ins Geschäft kommen möchten. Dabei empfehle ich Ihnen einen *aber nur wenn*-Nachsatz zu ergänzen, z.B.:

„Wir möchten Ihnen gerne ein Angebot machen, **aber nur, wenn** das für beide Seiten passt"

„Ich möchte gerne etwas anbieten, **aber nur, wenn** das wirklich interessant für Sie ist."

So sind Sie ehrlich in Ihrer Verkaufsabsicht, aber auch fair und der Kunde weiß, dass Sie ihm nicht um jeden Preis etwas aufschwatzen werden.

Fehler Nummer 3: „Sind die Unterlagen angekommen?"

Meine Erfahrung ist, dass recht viele Kunden diese Frage nutzen, um schnell wieder aus dem Gespräch auszusteigen. Sie antworten z.B. mit:

„Äh, nee, bei mir ist nix angekommen."

„Stimmt, da ist was angekommen, habe ich mir aber noch nicht angesehen."

Im weiteren Gesprächsverlauf geht es darum, warum die Unterlagen verschollen sind, oder wann der Kunde Zeit findet sich die Unterlagen anzusehen.

Vorab zugesandte Unterlagen dienen bei der Outbound-Telefonie dazu, den Einstieg in die Akquise zu erleichtern. Paradoxerweise erschwert die Frage „Sind die Unterlagen angekommen?" aber den Einstieg. Mit der Frage vermitteln Sie den Eindruck, dass die Beschäftigung mit der Sendung eine Voraussetzung für das weitere Gespräch wäre. Nun mal ehrlich:

Wie viel Prozent Ihrer Werbesendungen sehen Sie sich gründlich an und welche Angebote haben Sie griffbereit zur Hand, falls Sie einen Anruf erhalten?

Mein Tipp: Stellen Sie stattdessen eine offene Frage, die nicht mit ja oder nein beantwortet werden kann und konkret auf den Bedarf oder das Interesse des Kunden eingeht

Ihr Gesprächseinstieg könnte dann so aussehen:

Beispiel 1

[1] „Hallo Frau Gunther, hier ist Else Meier von Meier-Events, schön, dass ich Sie erreiche!"

[2] „Es geht um Ihre Firmenevents (Betriebsausflüge, Weihnachtsfeier, Jubiläen ...) da hatten wir Ihnen bereits Materialien zugesandt."

[3] „... und jetzt interessiert mich natürlich: Welche Events stehen bei Ihnen dieses Jahr noch an?"

Oder so:

Beispiel 2

[1] „Einen schönen guten Tag Frau Gunther, hier spricht Else Meier von Meier-Events."

[2] „Wir möchten Sie bei Ihren nächsten Firmen-Events unterstützen. Wir haben Ihnen schon ein paar Informationen zugeschickt, aber bevor Sie da überhaupt einen Blick reinwerfen, wollte ich gerne mit Ihnen prüfen, inwieweit das für Sie überhaupt passt.

[3] Deshalb erst einmal meine Frage: Wie organisieren Sie zurzeit Ihre Events, zum Beispiel die Weihnachtsfeier?"

Oder so:

Beispiel 3

[1] „Ah Frau Gunther, das freut mich, dass ich Sie direkt erreiche! Else Meier hier von Meier-Events."

[2] Es geht um Ihr 50jähriges Betriebsjubiläum, das nächstes Jahr ansteht. Das werden Sie sicher auch gebührend feiern?! *(Pause)* Dazu möchte ich Ihnen ein Angebot machen, aber nur wenn das auch wirklich interessant für Sie ist ...

[3] deshalb meine Frage: Wo stehen Sie im Moment mit der Planung?"

Fragen Sie auf keinen Fall, *ob* Events anstehen, sondern *welche* Events. Fragen Sie nicht, *ob* etwas interessant ist für den Kunden, sondern *wie* interessant das für ihn ist. Sie schaffen damit zwar eine kurze Irritation, aber unterbrechen auch den automatischen Ausstiegsmechanismus, den viele Kunden bei Akquise-Telefonaten haben.

Praxistipp

Stellen Sie von Anfang an den Kunden in den Mittelpunkt.

Begrüßen Sie den Menschen, der den Hörer abhebt, wenn möglich namentlich. Fassen Sie sich kurz und steigen Sie mit einer offenen Frage ein!

10.2.3 Bedarfsanalyse und Einwandbehandlung

Wenn Sie sich schon mal mit Akquise beschäftigt haben, wundern Sie sich vielleicht – warum wird hier Bedarfsanalyse und Einwandbehandlung zusammen in einem Kapitel abgehandelt? Dies liegt daran, dass bei der Telefonakquise oft direkt schon nach dem Einstieg die ersten sogenannten Vorwände oder Einwände formuliert werden und ich persönlich dazu übergegangen bin, anhand dieser Einwände auch direkt den Bedarf zu analysieren.

Schon mit Ihrer Einstiegsfrage stellen Sie sicher: Es geht bei Ihrem Angebot um den Kunden. Sie wollen den Kunden nicht zu irgendetwas überreden, sondern Sie machen nur ein Angebot, wenn das auch tatsächlich interessant ist.

Idealerweise hat der Kunde auf Ihre Einstiegsfrage bereits angefangen zu erzählen. Jetzt hören Sie aufmerksam zu. Machen Sie sich ggf. stichwortartig Notizen (besser nicht tippen, das hört man ganz oft und nimmt je nach 10-Fingerfertigkeit auch zu viel Gehirnkapazität in Anspruch). Bei einem idealen Gesprächsverlauf spricht jetzt vor allem der Kunde und Sie hören zu.

Sie fassen zusammen und fragen weiter nach. Achten Sie dabei darauf, dass Sie positiv und offen bleiben, auch wenn der Kunde vielleicht nur eingeschränkt interessiert zu sein scheint.

Kunde: „Wir haben da schon einen festen Anbieter, mit dem wir das machen."

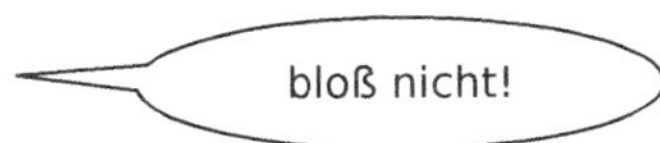

Mitarbeiter: „Ah, dann ist das wohl nicht so interessant für Sie."

Kunde: „Ja, Sie wissen ja, never change a winnig team."

Mitarbeiter: „Ja schade, aber vielleicht kann ich Ihnen ja trotzdem zum Vergleich mal ein Angebot schicken."

Kunde:" Ach lassen Sie mal, ich habe ja schon Ihren Flyer. Wenn wir mal Bedarf haben sollten, melde ich mich bei Ihnen."

besser so!

Kunde: „Wir haben da schon einen festen Anbieter, mit dem wir das machen."

Mitarbeiter: „Was müssten wir Ihnen bieten, damit Sie darüber nachdenken, mit uns ins Gespräch zu kommen?"

Kunde: „Interessante Frage, im Prinzip läuft alles gut, die Mitarbeiter sind eigentlich immer zufrieden."

Mitarbeiter: „Was könnte denn noch besser laufen, sodass Ihre Mitarbeiter danach nicht nur zufrieden, sondern vielleicht sogar begeistert sind?

Kunde: „Ja gerade für die jungen Leute ist es halt manchmal so ein wenig langweilig, aber das schafft man halt kaum, dass man Jung und Alt gleichermaßen begeistert."

Mitarbeiter: „Also ein Angebot, was Jung und Alt gleichermaßen begeistert?"

...

Eine individuelle Bedarfsanalyse lässt sich nicht nach Schema F planen. Mein Tipp ist: Überlegen Sie sich vorab gute Fragen. Nutzen Sie offene und systemische Fragen.[64]

Fassen Sie zwischendurch immer wieder positiv zusammen – also geben Sie wieder, was sich aus Kundensicht an Möglichkeiten ergibt. Bleiben Sie dabei natürlich, nutzen Sie also kein gekünsteltes "Wenn ich Sie jetzt richtig verstanden habe, dann geht es Ihnen also um ...". Verstehen Sie mich nicht falsch – ich mag diese Formulierung sogar, aber wenn ich Sie dreimal hintereinander höre, fängt Sie an mich zu nerven, da ich dahinter keine interessierte Haltung, sondern eine Technik vermute.

10.2.4 Individuelle Lösung: Angebot

„Also ich sag Ihnen jetzt einfach mal, was wir so im Angebot haben. Die meisten Kunden nehmen den Basisblub, der hat Vorteil A und kostet 100 €, wir haben aber auch den Spezialblub mit Extra-Vorteil B. Der kostet 120 €. Den Superblub mit zusätzlichem Vorteil C für den anspruchsvollen Kunden für 150 € gibt es auf Wunsch auch mit Special Effects zu einem Aufpreis von noch einmal 50 € ..."

Sie ahnen es schon, das ist wieder so ein Negativbeispiel. Die positive Intention des Verkäufers ist: Der Kunde kennt die gesamte Angebotspalette, ist umfassend informiert und kann sich jetzt entscheiden. Der negative Effekt ist, dass der Kunde sich derart umfassend informiert oft gar nicht mehr entscheiden kann – er braucht Bedenkzeit. Dadurch, dass beim Angebot der Preis jeweils nach den Vorteilen genannt wird, stehen die Kosten und nicht der Nutzen im Mittelpunkt – was den sparsamen Kunden in der Entscheidung bremsen kann.

Besser ist:

besser so!

[1] Wenn der Verkäufer eine individuelle Empfehlung aufgrund des Kundennutzens ausspricht, also nur ein, höchstens zwei Angebote formuliert.

---

[64] Vgl. Abschnitt 8.2

[2] Wenn die Leistung und nicht der Preis im Mittelpunkt steht.

[3] Wenn nach einem Angebot eine Pause folgt. Sodass der Kunde reagiert und der Verkäufer das eigene Angebot nicht zerredet.

Also zum Beispiel so:

„Für 150 € erhalten Sie unseren Superblub. Den kann ich Ihnen wärmstens ans Herz legen, da Sie erzählt haben, dass A und B besonders wichtig für Sie sind und Sie gelegentlich auch C benötigen. Das ist im Superblub alles enthalten."

(PAUSE Kundenreaktion abwarten)

Keine Angst vor Preisverhandlungen

Eventuell wird der Kunde hier noch einmal Fragen haben oder Einwände formulieren. Vielleicht kommt es auch zu einer „Preisverhandlung". Gehen Sie gelassen mit diesen anscheinenden Widerständen um. Beantworten Sie alle Fragen des Kunden und stellen Sie Ihre Leistungen in den Mittelpunkt.

Seien Sie nicht ärgerlich, wenn Kunden nach Rabatten fragen. Im Grunde gibt es sachlich nur zwei Möglichkeiten:

Entweder: Diese sind möglich.

Oder: Es gibt keine Rabatte.

Wenn Sie die Möglichkeit zu Rabatten haben, können Sie diese zum Crossselling oder zur Kundenbindung nutzen. So können Sie, z.B. beim Eingehen einer längeren Vertragslaufzeit oder wenn mehrere Produkte gekauft werden, einen Rabatt gewähren. Vielleicht stellen Sie auch fest, dass es sich wirklich um einen guten Kunden handelt, und Sie ihm gerne einen Schritt entgegenkommen. Wenn Sie merken, dass Sie für die Entscheidung etwas Zeit brauchen, oder nicht selbst über Rabatte entscheiden können, bieten Sie gegebenenfalls einen Rückruf an: „Ich möchte Ihnen da wirklich gerne entgegenkommen. Ich kläre das für Sie, welche Möglichkeiten wir haben."

Wenn Sie keine Möglichkeiten haben, den Preis zu verändern oder das auf keinen Fall möchten, bleiben Sie freundlich und zeigen Sie Verständnis für den Kundenwunsch, z.B.: „Ich verstehe, dass Ihnen das erst einmal viel erscheint. *(kurze Pause)* Bitte haben Sie Verständnis: Das ist ein Fixpreis, aber dafür gewährleisten wir auch ... (Nutzenargumente)."[65] Sie stellen also wieder den individuellen Kundennutzen und nicht den Preis in den Mittelpunkt.

---

[65] Das „aber" lenkt den Fokus auf den zweiten Teil des Satzes und hebt den Nutzen hervor.

10.2.5 Positiver Ausklang

Bestärken Sie beim Gesprächsabschluss den Kunden in seiner Kaufentscheidung.[66] Bedanken Sie sich für sein Vertrauen und schildern Sie so einfach wie möglich die Folgeschritte.[67] Wenn er nicht gekauft hat, halten Sie sich die Tür offen. Ihr Ziel ist es nun, dass Sie den Kunden erneut kontaktieren können und er sich positiv an Sie erinnert. Bedanken Sie sich für das nette Gespräch, für die Offenheit oder dafür, dass der Kunde sich die Zeit genommen hat.

10.2.6 Nachbearbeitung

Nichts ist peinlicher, als einen Kunden doppelt anzurufen, oder eine Absprache, die getroffen wurde, zu vergessen. Dokumentieren Sie deshalb die Ergebnisse so, dass sie für Sie selbst und andere auffindbar, verständlich und nachvollziehbar sind. Hier ist es hilfreich, möglicher Folgeakquise, Cross- und Up-Selling bereits den Weg zu bereiten. Was könnte für den Kunden in Zukunft interessant werden?

Denken Sie nach dem Anruf direkt an den nächsten Kontakt mit dem Gesprächspartner:

Wenn der Kunde gekauft hat

Vielleicht können Sie direkt eine Wiedervorlage einrichten, um den Kunden nach einiger Zeit noch mal anzurufen und ihn zu fragen, wie seine Erfahrungen mit dem Produkt oder der Leistung inzwischen sind? Achtung: Bewährt hat es sich hier, die Kundenbindung in den Mittelpunkt zu stellen. Versuchen Sie nicht direkt 2 Wochen nach dem Kauf mit dem Cross Selling zu starten. Natürlich dürfen und sollen Sie auf Kaufsignale des Kunden reagieren, der Kunde sollte jedoch auf keinen Fall den Eindruck gewinnen, dass Sie immer nur anrufen, um ihm etwas zu verkaufen.

Wenn der Kunde nicht gekauft hat

Idealerweise haben Sie es geschafft, die Tür für den weiteren Kontakt offen zu halten, auch wenn Ihr Angebot für den Kunden im Moment des Anrufs nicht interessant war. Nichts spricht dagegen, den Kunden nach einiger Zeit wieder anzurufen. Je nachdem, um welche Leistung oder welches Produkt es sich handelt, sollte natürlich genug Zeit vergangen sein, sodass realistischer Weise beim Kunden neuer Bedarf entstanden sein könnte. Das ist sicher bei

---

[66] Vgl. Geheimnis Nr. 6: Verantwortung, Abschnitt 10.1.6

[67] Vgl. Geheimnis Nr. 7: Barrieren abbauen, Abschnitt 10.1.7

einem Fischhändler, der Restaurants anruft, um frische Meeresfrüchte anzubieten, häufiger als bei einer Versicherung, die eine Rentenversicherung an Privatkunden verkaufen möchte. Beim Fischhändler kann es durchaus angemessen sein, dass er nach wenigen Tagen wieder anruft und nachfragt, während der Versicherungsvertrieb gute Argumente braucht, um nicht als unangemessen aufdringlich zu gelten. Natürlich können auch Neuerungen auf Ihrer Seite ein Anlass zu einem Anruf sein. Vielleicht war dem Kunden die Rentenversicherung ja zu teuer und es gibt jetzt eine günstigere Alternative. Dann dürfen Sie ohne Anstandspause direkt wieder anrufen.

Wenn Sie längere Zeit nicht mit dem Kunden gesprochen haben, ist es wichtig, dass Sie einige Stichworte über die Kundensituation in Ihren Aufzeichnungen finden. Achtung: Wer hier nur „kein Interesse" dokumentiert hat, wird sich schwertun, den Kunden erneut zu kontaktieren. Noch schlimmer sind Einträge wie: „Achtung: launischer Kunde". Was als wohlgemeinte Warnung niedergeschrieben wurde, macht die erneute Akquise unnötig schwer. Deshalb formulieren Sie nicht nur dem Kunden gegenüber, sondern auch für sich selbst und Ihre Kollegen lösungsorientiert! Schildern Sie die Faktoren, die den Kunden im Moment vom Kauf abgehalten haben, die jedoch flexibel sind, z.B.: Momentane Lebenssituation, bestehende Verträge und deren Kündigungsfristen ... So sehen Sie beim Blick in die Datenbank die Chancen und können beim nächsten Mal motiviert und bestens vorbereitet ins Gespräch einsteigen.

11 Gesprächsleitfäden entwickeln: Praxisbeispiele

In diesem Kapitel werden wir nun ganz konkret. Hier finden Sie Beispiele für Gesprächsleitfäden, die Sie für Ihre eigenen Telefonate anpassen und nutzen können.

Sie planen eine Outbound-Aktion, oder Sie möchten anrufende Kunden auf bestimmte Themen ansprechen und wissen nicht genau wie? Jetzt gilt es Ideen für die Ansprache zu entwickeln!

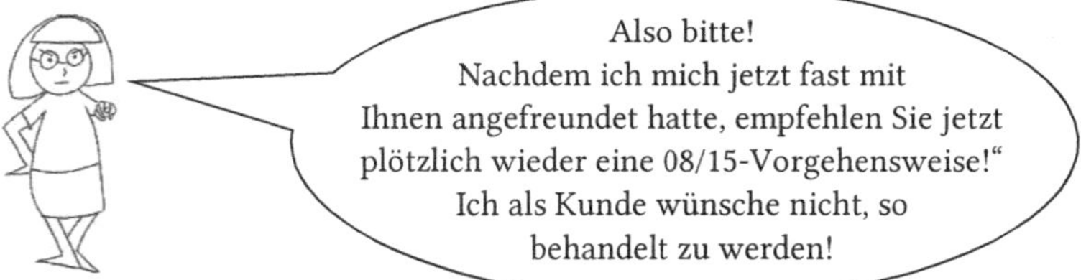

Frau Dr. Krittels Einwand ist absolut berechtigt. Leitfäden sind vollkommen aus der Mode gekommen. Sie stehen im Verruf, dass sie Gespräche steif und unflexibel machen würden. Ich persönlich liebe Leitfäden. Für mich sind sie ein Instrument der Vorbereitung, mit dem ich die Gesprächsqualität deutlich erhöhe. Sie helfen, den gesamten Prozess im Vorhinein zu durchdenken. Wichtig bei der Anwendung ist nur, dass Sie sich bewusst sind: Der Gesprächsleitfaden dient Ihnen und Sie sollten sich niemals von ihm versklaven lassen. Er ist wie ein Ariadnefaden: Wenn Sie sich zu verirren drohen, werfen Sie einen Blick darauf, und schon haben Sie wieder eine Orientierung.

Meine Empfehlung ist, Gesprächsleitfäden beim Tun zu entwickeln und auch während der Arbeit weiter an ihnen zu feilen. Sie formulieren etwas vor und testen die Formulierungen im nächsten Schritt mit Kollegen, die in die Kundenrolle schlüpfen. Dann fangen Sie an, den Leitfaden im Kundengespräch zu nutzen. Sie sammeln Erfahrungen und notieren sich dabei auch immer wieder neue Formulierungsideen. Ansonsten erweist sich der Leitfaden als zu steif und nicht sprechbar. Besonders hilfreich ist es, wenn ein ganzes Team gemeinsam mit einem Leitfaden telefoniert und regelmäßig Ideen austauscht.

Beim Einsatz des Gesprächsleitfadens gilt: Weichen Sie mit bestem Gewissen von Ihrem Leitfaden ab, wenn er einfach nicht zur Situation passt. Vielleicht steht da die perfekte Formulierung für die nächste Gesprächsphase, aber Sie hören gerade lautes Kinderweinen am anderen Ende der Leitung. Wer jetzt den gestressten Kunden weiter „zutextet", statt empathisch auf die Situation einzugehen, hat den Kunden verloren.

Telefonleitfäden dienen übrigens niemals zum Ablesen. Dies wäre absolut kontraproduktiv. Wir sprechen kein Schriftdeutsch und zudem verändert sich die Modulation unserer Stimme beim Vorlesen deutlich. Viele Kunden regieren darauf äußerst gereizt, da sie den Anruf sofort als „unprofessionelle Werbung" entlarven.

Der Kunde, seine Bedürfnisse und ein Gefühl für die Situation sind immer wichtiger als das Befolgen des Gesprächsleitfadens.

Praxistipp

Nehmen Sie sich die Zeit, einen Gesprächsleitfaden zu entwickeln. Wenn Sie in einem Team arbeiten, tun Sie es gemeinsam. Nutzen Sie dieses Instrument aber nicht, um sich zu versklaven, sondern um Freiheit und Sicherheit im Gespräch zu gewinnen!

Die folgenden Gesprächsleitfäden orientieren sich prinzipiell an den vier Phasen des Telefonats.[68]

[1] freundlich Klarheit schaffen

[2] fragen

[3] individuelle Lösung

[4] positiver Ausklang

[68] Vgl. Kapitel 6: Die vier Phasen des Telefonates

11.1 Gesprächsleitfäden Outbound

Bereiten Sie gerade für den Einstieg immer unterschiedliche Varianten vor, sodass Sie einerseits ausprobieren können, was für Sie am besten funktioniert, und andererseits nicht anfangen, sich beim Telefonieren zu langweilen und zu leiern. Lesen Sie Ihren Gesprächsleitfaden beim Entwickeln immer wieder laut vor und fragen Sie sich: ist das so authentisch sprechbar? In den folgenden Beispielen finden Sie in den einzelnen Kästchen verschiedene Varianten.

Achtung: Im Sinne einer effektiven Nutzung des zu Verfügung stehenden Raums wurden die Kundenaussagen weggelassen, deshalb wirkt es so, als sollte der Mitarbeiter mehr als der Kunde sprechen. Dem ist im wirklichen Gespräch **nicht** so.

Praxistipp

Bitte achten Sie auf ausreichend Pausen und geben Sie dem Kunden mindestens 60 % der Sprechzeit!

11.1.1 Hohe Außenstände

Sicher gibt es auch Kunden, mit denen Sie auf telefonischen Weg keine Einigung erreichen, was dann Schriftkommunikation in Form von Mahnschreiben oder gar das Einschalten eines Anwalts oder eines Inkassounternehmens erforderlich macht. Ihr Ziel ist es, mit dem Telefonat die Angelegenheit schnell und günstig aus dem Weg zu schaffen.[69]

Dieses Telefonat ist viel einfacher als Sie denken. Der einzige Stolperstein, den es zu vermeiden gilt, ist die Schuldfrage. Suchen Sie niemals den Schuldigen, und lassen Sie den Kunden nicht schlecht aussehen. Schaffen Sie neutralen Boden. Dabei hilft folgender psychologischer Trick: Sie legen den Fokus des Gesprächs auf …

- den noch nicht verbuchten Betrag auf Ihrem Konto (kann ja viele Ursachen haben),
- die Buchhaltung (die nachfragt, wo ein Betrag bleibt).

---

[69] Vgl. Abschnitt 3.2.1: Hohe Außenstände

- oder den Steuerberater, der an die Außenstände erinnert (eignet sich für kleinere Betriebe).

> Setzen Sie beim Einstieg *niemals* den Fokus auf den Kunden, der nicht gezahlt hat oder darauf, warum er noch nicht gezahlt hat.

Phase 1: Freundlich Klarheit schaffen

„Guten Tag Frau Müller, hier spricht Michaela Michaelski von 2M-Kommunikation, schön, dass ich Sie direkt erreiche!“

Möglichkeiten, das Anliegen zu formulieren:

- „Ich bin gerade bei der Buchhaltung und da ist mir aufgefallen, dass der letzte Rechnungsbetrag auf unserem Konto noch nicht verbucht wurde, und jetzt wollte ich Sie um Hilfe bitten, damit ich das klären kann.“
- „Die Buchhaltung hat mich gerade angerufen und mich darauf aufmerksam gemacht, dass auf unserem Konto eine Rechnung von Ihnen noch nicht verbucht wurde. (Kann ja eigentlich gar nicht sein, aber) ich wollte das gerne mit Ihnen gemeinsam prüfen.“
- „Unser Steuerberater nervt uns (er meint es ja nur gut). Er sagt, wir müssen uns dringend um unsere Außenstände kümmern. Jetzt brauche ich Ihre Hilfe, weil es unter anderem auch um eine Rechnung aus dem Januar geht, die wir Ihnen zugesandt hatten.“

Phase 2: Fragen und Einwände behandeln

Fall 1: Der Kunde hat vergessen zu zahlen und will direkt anweisen.

„Machen Sie sich keine Gedanken, das kenne ich auch. Wenn Sie das heute anweisen, mache ich mir eine Notiz und schaue am Freitag noch mal auf den Zahlungseingang. (Dann gebe ich der Buchhaltung / dem Steuerberater grünes Licht und wir haben die Sache vom Tisch.)“

Fall 2: Der Kunde möchte die Rechnung so nicht zahlen.

Mögliche Formulierungen:

- „Na da ist es ja gut, dass wir jetzt sprechen *(Pause)*. Erzählen Sie, um was geht es denn genau?“

- Ok, so soll das natürlich nicht sein, dass Sie sich über unsere Rechnungen ärgern müssen. *(Pause)* Ich schaue mir das gerne noch einmal mit Ihnen gemeinsam an. Haben Sie die Rechnung vorliegen? Dann prüfe ich das direkt für Sie."

Fall 3: Der Kunde hat zurzeit Zahlungsschwierigkeiten.

Mögliche Formulierungen:

- „Das tut mir natürlich leid *(Pause)*. Frau Müller, ich bin mir sicher, wir finden eine Lösung. Wenn wir eine Ratenzahlung vereinbaren würden, wie viel könnten Sie denn monatlich aufbringen?
- „Ich verstehe *(Pause)*. Um Mahngebühren oder gar ein Inkassoverfahren zu vermeiden, kann ich Ihnen jetzt folgende Optionen anbieten: ... (Ratenzahlung, Rückgabe, Kündigung ...)"

Phase 3: Empfehlung oder Vereinbarung

Fall 1 und Fall 2, (wenn Kunde Bereitschaft zeigt, die Rechnung zu zahlen):

„Gut, dann verbleiben wir so. Sie weisen den Betrag heute an? *(Pause)*

Ich mache hier einen Vermerk im System."

Fall 2 und Fall 3 (wenn die Rechnung korrigiert wird oder eine neue Vereinbarung getroffen wurde):

„Gut, dann verbleiben wir so: Ich sende Ihnen die korrigierte Rechnung / die Ratenzahlungsvereinbarung / Sie senden uns die Lieferung zurück und ich storniere die Rechnung, sobald ..."

Bei besonders vergesslichen Kunden können Sie eventuell freundlich hinzufügen:

„Bitte weisen Sie den Betrag dann innerhalb von ... Tagen an. Dann haben wir beide die Angelegenheit aus den Füßen. (*Lächelnd*: Nicht, dass ich nicht gerne mit Ihnen telefonieren würde.)"

Phase 4: Abschluss

„Frau Müller, vielen Dank, dass wir das jetzt (so einfach) klären konnten / Vielen Dank für Ihre Unterstützung / Ihre offenen Worte ..."

„Ich wünsche Ihnen einen schönen Tag / einen guten Start in die neue Woche/ins Wochenende / in den Urlaub/weiterhin gute Besserung /alles Gute für ..."

11.1.2 Reklamation

Sie haben eine schriftliche Reklamation erhalten, und der Kunde hat seine Telefonnummer als Kontaktmöglichkeit hinterlassen. Sparen Sie viel Zeit und Nerven und rufen Sie erst mal an, bevor Sie schriftlich reagieren.[70]

Hier ist eine gute Vorbereitung wichtig. Lesen Sie das Schreiben aufmerksam. Filtern Sie dabei alle Anschuldigungen und Angriffe heraus und konzentrieren Sie sich bewusst auf die Sachebene. Um was geht es bei der Sache?

Der zweite Teil der Vorbereitung besteht darin ein Gefühl der Dankbarkeit zu erzeugen. Egal wie ungeschickt der Kunde seine Beschwerde formuliert und ob Sie berechtigt ist, er hat sie formuliert und an Sie adressiert. Hinter jedem Kunden, der sich beschwert, stehen viele andere, die einfach wortlos hinnehmen und nur anderen (potenziellen) Kunden von ihrem Leid erzählen – also schlechte Werbung machen. Hier ist einer, der Ihnen eine Chance gibt, etwas zu klären!

Bei einer professionellen Reklamationsbearbeitung geht es natürlich trotzdem um eine angemessene Wiedergutmachung. Das heißt, dass eine Prüfung stattfindet, bei der gegebenenfalls auch herauskommen kann, dass der Kunde sich zwar geärgert hat, aber eigentlich alles „rechtens" gelaufen ist. Nehmen wir ein Beispiel: Ein Kunde reklamiert ein empfindliches Elektrogerät, und es stellt sich heraus, dass es ins Wasser gefallen ist – ärgerlich, aber halt kein Garantiefall. Jetzt gilt es, Mitgefühl zu zeigen, den Kunden nicht dumm aussehen zu lassen. Vielleicht können Sie ihm einen kleinen Schritt entgegenkommen, z.B. „Was ich Ihnen anbiete ist, dass ich Ihnen beim Kauf eines Neugeräts unsere Wasserschutzhülle als Extra mit dazulege, dann sind Sie in Zukunft auf der sicheren Seite."

Im folgenden Beispielleitfaden reklamiert eine Kundin bei einem Reiseanbieter. Dabei werden unterschiedliche Möglichkeiten aufgezeigt, wie Sie mit berechtigten und unberechtigten Beschwerden umgehen können.

Phase 1: Freundlich Klarheit schaffen

Bieten Sie in Phase 1 möglichst noch keine Lösungen an – also noch nicht direkt mit der Gutschrift einsteigen. Warum: Sie mindern damit den Wert. Die Gutschrift wird zur Basis, auf der weiterverhandelt wird. Zeigen Sie durchaus, dass Sie gewillt sind, eine gute Lösung zu

---

[70] Vgl. Abschnitt 3.2.2: Reklamationen

finden. Auch wenn Ihre Prüfung ergeben hat, dass der Kunde eindeutig im Unrecht ist und keine Wiedergutmachung zu erwarten hat, fallen Sie nicht mit der Tür ins Haus!

„Guten Morgen Frau Meier, gut dass ich Sie persönlich erreiche, hier spricht Ariane Aringhaus von Aringireisen." *(Pause)*

Möglichkeiten, das Anliegen zu formulieren:

- „Frau Meier, Sie hatten uns geschrieben, weil Sie so unzufrieden waren mit Ihrer Italienreise. Ich möchte mir gerne persönlich die Zeit nehmen, das Ganze mit Ihnen zu besprechen und eine gute Lösung zu finden. Passt es bei Ihnen?" *(Pause)*
- „Frau Meier, erst mal vielen Dank, dass Sie sich die Zeit genommen haben, ausführlich zu schildern, was Ihnen da alles bei Ihrer Italienreise widerfahren ist. So soll das natürlich nicht sein!" *(Pause)* „Wir möchten das gerne klären und ich habe deshalb ein paar Fragen. Ist das in Ordnung für Sie?" *(Pause)*

Phase 2: Fragen

In Phase 2 erfragen Sie die Punkte, die noch offen sind bei der Reklamation.

Mögliche Fragen:

- „Was genau ist vorgefallen?"
- „Wie genau ist das abgelaufen?"
- „Wo genau ist das passiert?"
- „Wer genau war noch betroffen?"
- „Wie oft war das?"
- ...

Es geht darum, dass Sie entscheidungsfähig werden und Sie dem Kunden im Anschluss Ihre Entscheidung nachvollziehbar darstellen können, sodass dieser sie mittragen kann. Achten Sie darauf, dass es keine Verhörsituation wird. Es geht darum aufrichtig Interesse zu zeigen und den Sachverhalt genau zu verstehen. Seien Sie einfühlsam und formulieren Sie Verständnis, wenn der Kunde bei der Schilderung der Reklamation emotional reagiert.

- „Das kann ich verstehen."
- „Da hätte ich mich auch geärgert."
- „Das kann ich nachvollziehen."

Phase 3: individuelle Lösungen_

Möglichkeit 1: Der Kunde hat einen Fehler gemacht

Achtung: Hier dürfen keine Schuldzuweisungen stattfinden! Wenn der Kunde im Unrecht ist, verfolgen Sie die Strategie: Sie persönlich können den Kunden sehr gut verstehen UND (nicht: aber) es gibt diese dritte neutrale Position, z.B. die Vertragsbedingungen, die besagen, dass ... an denen sich beide orientieren müssen. Oft enthält der Kundenfehler aber auch einen Hinweis: Können Sie als Unternehmen diesen Fehler verhindern, z.B. durch bessere Kommunikation, Information, ... Hier wird der Kunde zum kostenlosen Unternehmensberater, und auch das sollte ein Entgegenkommen wert sein!

„Sie haben also am dritten Urlaubstag um 21 Uhr kein Abendessen erhalten. Dass Sie sich darüber geärgert haben, kann ich gut verstehen. (UND) Ich sehe hier in der Hotelbeschreibung, dass das Abendessen von 18.00 bis 20.30 Uhr ausgeschrieben ist. Und da waren die tatsächlich ganz strikt?"

„Ach das tut mir leid. Ich werde mich auf jeden Fall noch mal mit dem Reiseanbieter vor Ort in Verbindung setzen und werde denen mitteilen, dass unsere Gäste das nicht freundlich fanden."

„Dass Ihnen die Essenszeiten am Urlaubsort nicht klar waren, ist noch mal ein wichtiger Hinweis für uns. Wir haben Ihnen die Zeiten in den Reiseunterlagen mitgeschickt - aber Sie haben recht, ein Hinweis im Hotel wäre da hilfreich - das gebe ich auf jeden Fall weiter!"

Möglichkeit 2: Der Fehler lag beim Unternehmen.

Der Kunde hat einen Vertrag mit Ihnen abgeschlossen, der so nicht eingehalten wurde, hat also ein Anrecht auf Wiedergutmachung. Entschuldigen Sie sich, fragen Sie den Kunden ggf., was er sich als Wiedergutmachung vorstellen könnte (oft sind diese Wünsche kleiner als man denkt), oder machen Sie selbst einen Vorschlag.

„Sie hatten bei uns das Abendessen gebucht und gezahlt und haben vor Ort dann kein Essen erhalten. Das tut mir wahnsinnig leid, da haben wir tatsächlich einen Fehler gemacht. Das Hotel ist ja sehr klein und familiär und wir hatten übersehen, dass sie nur für 25 Gäste Abendessen anbieten und wir hatten 30 Übernachtungen mit Abendessen gebucht. Die Betreiber hatten uns zurückgemeldet, dass 5 Gäste kein Abendessen erhalten, aber da war das schon zu spät und wir konnten nicht mehr umbuchen."

„Ich weiß, wir können den Schaden nicht wirklich wiedergutmachen. Selbstverständlich haben wir Ihnen die Pauschale für das Abendessen zurückgebucht. Können wir ansonsten irgendetwas für Sie tun?"

Möglichkeit 3: Der Fehler lag bei einem Dritten

Treten Sie jetzt ja nicht in die Rechtfertigungsfalle! Das haben Sie gar nicht nötig. Sie sitzen ja mit dem Kunden in einem Boot. Hören Sie aufmerksam zu, seien Sie mitfühlend. Machen Sie möglichst konkrete Angaben, wer der richtige Ansprechpartner ist. So vertrösten Sie den Kunden nicht einfach, sondern helfen ihm konkret weiter.

„Ganz ehrlich, das ist für uns selbst auch ein ganz neuer Fall, dass Kunden kein Abendessen bekommen, weil der Blitz in die Küche eingeschlagen und die Küche abgebrannt ist."

„Frau Müller, ich möchte die Karten ganz offen auf den Tisch legen. Wir haben 30 Kunden, die Ihre Verpflegungspauschale zurückfordern. Wir haben die gesamte Verpflegungspauschale an das Hotel weitergegeben, aber das ist durch den Blitzeinschlag jetzt in einer prekären Situation und kann nicht zahlen. Wir sitzen da in einem Boot. Ich hoffe natürlich, dass die Versicherung den Schaden beheben wird, aber bis dahin wird wahrscheinlich noch Zeit ins Land ziehen und ich muss ehrlich sagen, dass ich nicht weiß, wann Sie mit einer Rückerstattung rechnen können. Ich empfehle Ihnen, sich von Ihrer Seite noch mal direkt an das Hotel zu wenden. Die Ansprechpartnerin dort ist Frau Giovanni, ich gebe Ihnen gerne die Telefonnummer und E-Mail-Adresse."

Möglichkeit 4: Unglückliche Umstände

Der Kunde hat rechtzeitig gezahlt und seine Reise pünktlich angetreten, der Reiseanbieter hat alles bis in Detail geplant und es ist alles perfekt – bis auf das Wetter, den Streik der Fluglotsen, die wirklich unsympathischen Mitreisenden, die Quallen- oder Mückenplage oder die plötzliche unerklärliche Erkrankung, wie bei unserem folgenden Beispiel. Jetzt könnte man denken, warum meldet der Kunde sich damit bei uns, da können wir doch nichts dafür! Doch Sie wissen, es ist gut, dass der Kunde sich meldet, statt Freunden und Bekannten Schlechtes von Ihnen zu berichten.

„Das tut mir wahnsinnig leid, dass es Ihnen so schlecht gegangen ist und Sie den gesamten Urlaub mit Brechdurchfall im Bett statt am Strand verbracht haben. Ich verstehe, dass da die Vermutung nahe liegt, dass es am Essen liegen könnte, und es ist natürlich auch tatsächlich für uns als Nichtmediziner nicht auszuschließen, dass Sie irgendetwas nicht vertragen haben." *(Pause)*

„Der Reisebegleiter vor Ort hat mir mitgeteilt, dass es den restlichen 29 Reisenden gut ging und es keine Klagen über das Essen gab, und wir arbeiten schon seit 15 Jahren mit dem Hotel zusammen und hatten bisher gute Erfahrungen. Damit möchte ich Ihre Erfahrung jetzt natürlich keineswegs infrage stellen." *(Pause)*

„Sie haben recht, laut Vertragsbedingungen ist das tatsächlich kein Fall für eine Rückerstattung. (Gibt es denn neben dieser Gutschrift etwas, womit wir Ihnen eine kleine Freude bereiten könnten)?“

Phase 4: Abschluss

Versuchen Sie den Kunden bei Ihrer Zusammenfassung und den Folgeschritten positiv zu überraschen:

Möglichkeit 1: Der Kunde hat einen Fehler gemacht

„Frau Müller, ich möchte mich noch mal ganz herzlich bei Ihnen bedanken, dass Sie uns das so ausführlich geschildert haben und dass Sie sich jetzt auch am Telefon noch mal die Zeit genommen haben, das mit mir zu besprechen. Ich würde mich gerne mit einem kleinen Geschenk erkenntlich zeigen. Wir haben auf unserer Homepage www.aringireisen/... ein paar nette Kleinigkeiten (nützliche Reiseaccessoires wir Luftmatratzen, Stromadapter etc. Ich verrate Ihnen jetzt einen Gutschein-Code, mit dem Sie sich etwas aussuchen und bestellen können, ja?“

Positiver Abschluss:

„Frau Müller, dann danke für das nette / konstruktive / informative Telefonat. *(Pause)* Ich würde mich riesig freuen, wenn Sie sich wieder für uns als Reiseanbieter entscheiden. *(Pause)* Ihnen alles Gute!“

Möglichkeit 2: Der Fehler lag beim Unternehmen.

„Wir erstatten Ihnen selbstverständlich die Kosten. Darüber hinaus möchten wir Ihnen für den entstandenen Ärger eine kleine Freude bereiten. Was wäre Ihnen lieber – etwas Kulinarisches oder etwas Nützliches für die Reise?“

„Dann sende ich Ihnen unser ein kleines Italienverwöhnpaket. Da sind dann ein paar Leckereien (z.B. Oliven und ein italienischer Wein) drin, sodass Sie zuhause noch mal so ein schönes italienisches Abendessen genießen können. Ist das was für Sie?“

Positiver Abschluss:

„Ich freue mich, dass wir eine Lösung gefunden haben und hoffe, dass wir als Reiseanbieter weiter eine Chance bei Ihnen haben *(Pause)*. Alles Gute für Sie!“

Möglichkeit 3: Der Fehler lag bei einem Dritten

„Auch wenn ich Ihnen jetzt nicht die gewünschte Erstattung zahlen kann, will ich Ihnen natürlich trotzdem gerne eine Freude bereiten. Ich würde Ihnen gerne ein kleines Italienverwöhnpaket zukommen lassen. Da sind dann so ein paar Leckereien (z.B. Oliven und ein italienischer Wein) drin, sodass Sie zuhause noch mal so ein schönes italienisches Abendessen genießen können. Wäre das was für Sie?“

Positiver Abschluss:

„Wenn sich etwas ergibt, halte ich Sie gerne auf dem Laufenden. Ansonsten können Sie sich natürlich auch jederzeit wieder bei mir persönlich melden, wenn sich noch neue Fragen ergeben. Bis dahin alles Gute für Sie!“

Möglichkeit 4: Unglückliche Umstände

„Da Sie ja regelmäßig mit uns reisen, schlage ich vor, dass ich mich für Sie stark mache und frage, inwieweit wir Ihnen einen Rabatt bei der nächsten Reise einräumen können – haben Sie einen Moment Zeit?“

„So, ich habe mit meinem Chef verhandelt. Wir können Ihnen auf Ihre nächste Reise einen Rabatt von 10 % anbieten, das ist doch was, oder? Ich trage das hier direkt für Sie im System ein. Wenn Sie die Reise buchen, erinnern Sie den Kollegen ggf. noch mal dran und berufen Sie sich auf mich!“

Positiver Abschluss:

„Frau Müller, dann danke, dass Sie sich direkt bei uns gemeldet haben. *(Pause)* Ich würde mich riesig freuen, wenn Sie sich wieder für uns als Reiseanbieter entscheiden. *(Pause)* Ihnen alles Gute!“

11.1.3 Kundenrückgewinnung[71]

Phase 1: Freundlich Klarheit schaffen

In Phase 1 möchten Sie erfahren, warum der Kunde gekündigt hat. Oft reicht es aus, eine Pause zu machen, nachdem Sie Ihrem Bedauern über die Kündigung Ausdruck verliehen haben. Die Pause bewirkt zudem, dass das Bedauern authentischer wirkt. Wenn Sie danach direkt ohne Punkt und Komma weitersprechen, wirkt es lediglich wie eine Floskel.

---

[71] Vgl. Abschnitt 3.2.3: Kundenrückgewinnung

Falls der Kunde sich nicht äußert, fragen Sie nach. Dabei werden Sie wahrscheinlich auf einen der folgenden vier Kündigungsgründe stoßen:

[1] Preisangebot eines Mitbewerbers
[2] Leistungsangebot eines Mitbewerbers
[3] Unzufriedenheit z.B. mit dem Kundenservice
[4] Kein Bedarf mehr oder Leistung ist durch Veränderung, z.B. Umzug ins Ausland, nicht mehr möglich.

„Frau Richard, schön, dass ich Sie persönlich erreiche. *(Pause)* Sie haben bei uns gekündigt. Das finden wir natürlich schade. *(Pause)*

Falls der Kunde keinen Grund für die Kündigung nennt, hat sich folgende Formulierung bewährt:

„Haben wir etwas falsch gemacht?"

Wenn ein Kunde den Kündigungsgrund nicht nennen möchte, dann respektieren Sie das und fahren einfach mit Phase 2 fort.

Phase 2: Fragen und Einwände behandeln

Möglichkeiten:

- „Natürlich möchten wir Sie gerne als Kundin behalten. *(Pause)* Waren Sie denn ansonsten mit uns zufrieden, oder gibt es noch einen weiteren Grund?" *(Pause)* „Was könnte ich denn tun, um Sie umzustimmen?"
- „Frau Richard, das tut mir leid, das zu hören, das war sicher sehr unangenehm für Sie. Ich kann verstehen, dass Sie so reagiert haben. *(Pause)* Was könnten wir denn tun, um Sie umzustimmen?" *(Pause)* „Können Sie sich dafür entscheiden, weiterhin Kundin bei uns zu bleiben, wenn ich Ihnen anbiete, Ihnen einen Monatsbeitrag gutzuschreiben?"

Phase 3: Empfehlung oder Vereinbarung

Sie formulieren ein Angebot, z.B.:

„Was ich Ihnen anbieten kann ist, dass ich Ihnen direkt auf die nächste Rechnung einen Monatsbeitrag gutschreibe."

Möglichkeit 1: Wenn der Kunde Kündigung zurücknimmt:

„Ich freue mich, dass wir Sie als Kundin behalten. Ich werde jetzt direkt veranlassen, dass wir Ihnen einen Monatsbeitrag gutschreiben."

Möglichkeit 2: Wenn der Kunde bei der Kündigung bleibt:

„Herr/Frau ..., das finden wir natürlich schade, dass wir Sie als Kunden/in verlieren. Ich sende Ihnen die Kündigungsbestätigung heute direkt raus."

Möglichkeit 3: Wenn der Kunde zwar zufrieden war, aber trotzdem kündigt, weil z.B. kein Bedarf mehr besteht:

Hier haben Sie zwar keine Chance, den Kunden zu halten, können aber gegebenenfalls nach einer Empfehlung fragen, um direkt einen Neukunden zu gewinnen.

„Frau Richard, das ist natürlich schade für uns. Da Sie ja ansonsten mit uns zufrieden waren: Gibt es in Ihrem Umfeld denn jemanden, an den Sie uns aktiv weiterempfehlen möchten?"

Wenn ja:

Bei Privatkunden: „Dann sende ich Ihnen neben der Kündigungsbestätigung noch ein Formular *Neukundenwerbung,* und wir verabschieden uns mit einer Prämie von ... € bei Ihnen, sobald es zu einem Neuvertrag kommt.

Bei B2B: „Wenn wir Herrn X von der Y-Firma ansprechen, dürfen wir uns direkt auf Sie berufen?"

Phase 4: Abschluss

Denken Sie auf jeden Fall an einen positiven Abschlussverstärker, z.B.:

Möglichkeit 1: Wenn es nicht zu einer Rückgewinnung kam:

„Vielen Dank, dass Sie sich die Zeit genommen haben. Ich wünsche Ihnen ..."

Möglichkeit 2: Wenn Sie den Kunden zurückgewinnen konnten:

„Frau Richard, vielen Dank für Ihr für Ihr Vertrauen! Ich wünsche Ihnen ..."

11.1.4 Neugeschäft Privatkunden B2C[72]

Hier gibt es sehr klare gesetzliche Einschränkungen.[73] Der Angerufene muss hier ganz aktiv und bewusst einen Rückruf von Ihnen angefordert haben. Jeder Verstoß kann geahndet werden, und Privatverbraucher sind inzwischen stark sensibilisiert, was „Werbeanrufe" betrifft.

Wenn Sie den ausdrücklichen Wunsch des Kunden für einen Anruf haben, achten Sie darauf, dass Sie niemals mit unterdrückter Rufnummer telefonieren.

Beispiel: Eine Versicherung ruft Neukunden an, die ausdrücklich eine telefonische Beratung wünschen.

Phase 1: Freundlich Klarheit schaffen

„Guten Tag Herr Öztürk, hier spricht Ellen Erickson von Ellinghaus Insurance. Spreche ich mit Özkan Öztürk?"

„Schön, dass ich Sie erreiche. Herr Öztürk, Sie hatten uns eine Beratungsanfrage gesandt mit der Bitte um einen Rückruf."

Kunde nennt sein Anliegen: Er möchte ein Angebot zur Kfz-Versicherung.

„Ich rechne Ihnen gerne direkt ein Angebot aus. Haben Sie Ihren Fahrzeugschein vorliegen, dann können wir direkt loslegen."

Phase 2: Bedarfsanalyse

Steigen Sie möglichst offen in die Bedarfsanalyse ein, damit Sie in der Phase des Angebots auch einen individuellen Nutzen für den Kunden aufzeigen können.

„Auf was legen Sie denn besonderen Wert bei der Kfz-Versicherung?"

Hören Sie aktiv zu und fassen Sie zusammen, was der Kunde Ihnen mitteilt:

„Also am besten ein Schutzbrief für In- und Ausland und eine Vollkaskoversicherung, bei der nicht nur Schäden von anderen Verkehrsteilnehmern, sondern auch alle Schäden an Ihrem

---

[72] Vgl. Abschnitt 3.2.4: Neugeschäft

[73] Vgl. UWG Gesetz gegen den unlauteren Wettbewerb. Prüfen Sie in jedem Fall die aktuelle Gesetzgebung und holen Sie sich in bei Bedarf den Rat eines spezialisierten Juristen. Im Unternehmen selbst sollten Sie zur Sicherheit mit dem Datenschutzbeauftragten sprechen.

eigenen Wagen versichert sind."

... weitere Datenabfrage für die Angebotserstellung.

Phase 3: Individuelles Angebot mit Nutzen / Einwandbehandlung

„Für 298 € erhalten Sie Ihr Rundum-sorglos-Paket inklusive Vollkasko plus Schutzbrief ohne Selbstbeteiligung. Damit sind Sie in ganz Europa versichert und wenn etwas passieren sollte, sind wir 24 Stunden 7 Tage die Woche mit unserem Schadensservice für Sie erreichbar."

Bei Einwand „zu teuer":

„Dass Sie bei der KFZ-Versicherung auf den Preis achten, kann ich sehr gut verstehen. *(Pause)* Mit was genau vergleichen Sie den Preis? / Was genau ist in Ihrem Vergleichsangebot enthalten?"

Wenn der Kunde sich aufgrund des Preises sich für ein Angebot entscheidet, das eigentlich nicht seinem ursprünglichen Wunsch entsprach:

„Ich sende Ihnen jetzt den Antrag für den Basistarif zu. Ich lege aber auch noch mal zum Vergleich die Premium-Variante dazu. Ich verstehe, dass Sie da beim Preis ein wenig zucken, aber ich wäre ein schlechter Berater, wenn ich Ihnen den nicht mitschicken würde – das ist halt wirklich die Rundum-sorglos-Variante. Gerade wenn Sie mit dem Wagen auch mal im Ausland unterwegs sind."

Phase 4: Abschluss

„Herr Öztürk, vielen Dank für das nette Gespräch. *(Pause)* Falls Sie noch mal Fragen haben, rufen Sie mich einfach direkt an. Bis dahin eine gute Zeit!"

11.1.5 Neugeschäft Geschäftskunden B2B[74]

Unternehmen und Geschäftskunden können Sie auch kontaktieren, wenn diese nicht zuvor Ihre Zustimmung gegeben haben. Und zwar immer dann, wenn Sie davon ausgehen können, dass diese ein begründetes Interesse an Ihrem Angebot haben. Das heißt, hier können nicht

---

[74] Vgl. Abschnitt 3.2.4: Neugeschäft

nur Kunden, sondern auch Interessenten angerufen werden - allerdings nur dann, wenn bei ihnen aus konkreten Umständen ein Einverständnis vermutet werden kann.[75]

Praxistipp

Wer keine Risiken eingehen möchte, sollte Neukundenakquise auch im Geschäftskundenbereich nur dann telefonisch betreiben, wenn konkrete Einwilligungen vorliegen, oder bereits aus vorherigen Kontakten ersichtlich sein könnte, dass ein konkreter Bedarf an einer Leistung oder an einem Produkt bestehen.[76]

Beispiel:
Ein Anbieter vermietet Grünpflanzen für das Großraumbüro, die das Raumklima verbessern.

Phase 1: Freundlich Klarheit schaffen

„Hallo Herr Schmitz, hier spricht Florian Flora von Floristikklima. Ich möchte direkt zum Punkt kommen."
„Es geht um die Verbesserung des Raumklimas in Ihren neuen Großraumbüros durch Grünpflanzen. Ich möchte da gerne einen Termin mit Ihnen vereinbaren, aber nur, wenn das für uns beide sinnvoll ist. Deshalb vorab eine Frage, ok?"

Phase 2: Fragen und Einwände behandeln

Steigen Sie auf jeden Fall mit einer offenen Frage ein.
„Wie regeln Sie zurzeit die Raumtemperatur in Ihrem Großraumbüro?"
Oft ist an dieser Stelle bereits eine Einwandbehandlung notwendig. In unserem Beispiel hat der Kunde gerade eine teure Klimaanlage gekauft.
Möglichkeiten:

- „Da haben Sie ja grundlegend schon mal alles richtig gemacht. Welche Klimatechnik nutzen Sie denn?"

---

[75] Vgl. Abschnitt 10.2.1: Generelle Planung einer Outbound-Aktion

[76] Der sicherste Weg ist hier, die Vorgehensweise vorab mit einem spezialisierten Juristen zu klären.

- „Gut, dass Sie die Kostenseite direkt ansprechen. Da sind die meisten Kunden überrascht, wie günstig es ist, ein gesundes Raumklima mit wenig Schadstoffen zu schaffen. Und darum geht es im Endeffekt, dass Ihre Mitarbeiter weniger Krankheitstage haben."
- „Wie interessant wäre es für Sie, sich dazu einmal ein Rechenbeispiel mit mir anzusehen. Innerhalb von 15 Minuten zeige ich Ihnen, wie das für Ihr Unternehmen aussehen könnte. Wenn Sie danach noch Fragen haben, nehme ich mir natürlich auch gerne länger Zeit."
- „Die Klimaanlage ist super für die Temperaturregelung. Wichtig zu wissen ist: Klimatechnik ist menschengemacht und der Natur in vielen kleinen Details unterlegen – gerade was den Gesundheitsaspekt betrifft." *(Pause)* „Auch wenn das kurzfristig nicht interessant für Sie ist, wie interessant wäre es für Sie, dass ich Ihnen das einmal bei einem 15-Minuten-Termin belege?"
- „Da sind Ihre Mitarbeiter Ihnen sicher dankbar, dass Sie im Sommer nicht mehr schwitzen müssen. Ich verstehe auch, dass Sie jetzt auch erst mal vor neuen Investitionen zurückschrecken." *(Pause)*

  „Rein interessehalber: Welche Klimatechnik nutzen Sie denn?" *(Pause)*

  „Super, dann haben Sie Temperatur, Luftfeuchtigkeit und CO_2-Gehalt fest im Griff. Mit den richtigen Grünpflanzen könnten Sie dann sogar noch die Schadstoffe aus der Luft filtern – also alles das, was so aus dem Teppich, der Elektronik und den Möbeln abgegeben wird und krank machen kann. Und natürlich optimieren Sie den Sauerstoffgehalt der Luft – da sind Pflanzen der Technik einfach weit voraus." *(Pause)*

  „Ich möchte wirklich nur einen Termin mit Ihnen machen, wenn das von Interesse für Sie ist. Inwieweit wird das mittel- oder langfristig für Sie ein Thema werden?"

Phase 3: Vereinbarung

Nutzen Sie möglichst eine Alternativfrage mit zwei Terminoptionen. So lenken Sie den Fokus direkt in den Kalender. Fragen Sie niemals geschlossen, ob der Kunde einen Termin wünscht. Damit stellen Sie selbst den Termin infrage.

Möglichkeiten:

- „Ich bin in der KW 36, das ist der 3.–7. September, bei Ihnen in der Gegend. Wann würde es Ihnen denn da passen?"
- „Ich bin am 3. September und dann wieder am 7. September bei Ihnen in der Gegend. Was passt bei Ihnen besser?"

Nun wählt der Kunde entweder einen Termin, wünscht weitere Terminoptionen oder formuliert einen Einwand.

Möglichkeit 1: Kunde entscheidet sich für einen Termin:

„In Ordnung, dann lassen Sie uns den 7. September um 14 Uhr festhalten – sollen wir 15 Minuten oder direkt 30 Minuten vereinbaren, damit wir noch ein wenig Zeit für den Austausch haben?“ *(Pause)*

„Verraten Sie mir noch Ihre E-Mail-Adresse, dann schicke ich Ihnen eine Terminbestätigung.“ *(Pause)*

Möglichkeit 2: Die vorgeschlagenen Termine passen nicht.

„Wann passt es bei Ihnen besser?“

„Dann lassen Sie uns den 1. Oktober um 14 Uhr festhalten – sollen wir 15 Minuten oder direkt 30 Minuten vereinbaren, damit wir noch ein wenig Zeit für den Austausch haben?“

Möglichkeit 3: Der Kunde wünscht (zurzeit) keinen Termin.

„Damit es dann wirklich passt, wann kann ich mich denn bei Ihnen melden?“

„Okay, dann melde ich mich Anfang Februar noch mal bei Ihnen, und wir schauen, wie es dann bei Ihnen aussieht.“

Bei Einwand: **Wir** melden uns, falls Bedarf entsteht.

(humorvoll) „Oh, da bin ich ein gebranntes Kind, das hat meine erste Angebetete / mein erster Angebeteter auch zu mir gesagt – ich warte bis heute. Wird das bei Ihnen denn anders sein, Herr Schmitz?“

(wenn Kunde auf den Scherz eingegangen ist) „Darf ich Sie denn ansonsten doch noch mal anrufen, oder muss ich Sie dann mit auf die lebenslange Warteliste schreiben?“

Phase 4: Abschluss

Möglichkeit 1: Wenn es zu einem persönlichen Termin kommt:

„Herr Schmitz, dann freue ich mich, Sie am 1. Oktober persönlich kennenzulernen! Bis dahin wünsche ich Ihnen eine gute Zeit!“

Möglichkeit 2: Wenn es nicht zu einem Termin kommt:

„Herr Schmitz, vielen Dank für Ihre Offenheit. Das spart uns beiden Zeit, wenn wir keine Höflichkeitstermine vereinbaren."

Wenn Sie sich trotzdem gerne mit dem Kunden vernetzen möchten:

Ich habe gesehen, dass Sie bei XY (Socialmedia-Plattform) sind. Was halten Sie davon, wenn wir uns hier verknüpfen. Dann können Sie mich weiterempfehlen, wenn es in Ihrem Netzwerk mal Bedarf gibt.

Wenn Sie eine persönliche Empfehlung einholen möchten:

„Insgesamt finden Sie das Thema ja durchaus spannend, auch wenn es für Ihr Unternehmen jetzt nicht passt. Haben Sie vielleicht einen Tipp für mich, wen ich da noch ansprechen könnte / für wen das aktuell interessant sein könnte?"

Wenn der Kunde einen Namen nennt:

„Darf ich mich da auf Sie berufen?"

11.1.6 Terminvereinbarung mit Bestandskunden B2C[77]

Bei vielen Versicherungen und Banken werden Kunden mindestens einmal jährlich kontaktiert und zum Jahresgespräch eingeladen. Aber auch mein Zahnarzt tut das. Wenn die Beziehungsebene stimmt und die Termine schon zu einer alljährlichen Routine geworden sind, sind dies angenehme Gespräche. Zwar leidet fast jeder unter dem „keine Zeit"-Phänomen, sodass Termine außer der Reihe einfach nur ganz schwer planbar sind, aber der Kunde ist vom Sinn des Termins überzeugt und im Endeffekt dankbar für den Anruf. So geht es mir zumindest bei meinem Zahnarzt. Natürlich gehe ich da, wie die meisten Menschen nicht wirklich gerne hin, aber natürlich ist mir die regelmäßige Prophylaxe wichtig und ich freue mich über den Service.

Ganz anders sieht es aus, wenn ein Kunde solch einen Anruf zum ersten Mal erhält. Sie sind bei einer neuen Bank, weil die Konditionen dort so günstig waren, und plötzlich ruft Sie jemand von dort an und möchte mit Ihnen einen Beratungstermin machen. Erster Impuls: „ach nöööö!" Klar, was die wollen, aber was soll mir das bringen. Und wenn man dann erst mal vor Ort ist und stundenlang zugequatscht wird, lässt man sich womöglich breitschlagen, irgendetwas zu machen, was es im Internet viel günstiger gäbe.

---

[77] Vgl. Abschnitt 3.2.5: Terminvereinbarung

Da liegt das Problem: Als Kunde fürchte ich, dass mich so ein Termin einfach nur Zeit und Geld kostet. Und ganz ehrlich: Erlebt hat das ja auch schon jeder. Ich selbst erinnere mich mit Grausen an einen Termin bei einer Bank, bei dem ich einen halben Vormittag vor dem Bildschirm einer Bankberaterin verbrachte, die mir eine Finanzierung für ein Haus ausgerechnet hat, das ich mir nicht leisten konnte und wollte. Ich habe danach übrigens recht schnell die Bank gewechselt.

Wie können Sie also Ihren Kunden jetzt zeigen, dass es bei den Terminen, die Sie anbieten, um nützliche Termine handelt? Den Nutzen zu nennen ist schon ein wesentlicher Schritt. Ein zweiter Tipp ist, dass Sie beim Telefonat den Nutzen mit dem Kunden zusammen kurz prüfen, sodass auch dieser mit der Grundüberzeugung hingeht, ja, das ergibt Sinn, dass ich diesen Termin vereinbart habe.

Phase 1: Freundlich Klarheit schaffen

„Hallo Frau Meier, hier spricht Angela Angus von Ihrer Angelusbank, schön, dass ich Sie persönlich erreiche!"

Falls es sich nicht um den richtigen Ansprechpartner handelt:

„Ist Herr/Frau … (Vorname/Zuname) zu sprechen?"

Bei Kunden, mit denen Sie bereits Kontakt hatten, kann jetzt eine kurze Klimaphase kommen, (aber nur wenn Sie das Gefühl haben, der Kunde hat auch Zeit).

„Ich hoffe, Sie haben sich gut erholt von den Strapazen des Hausbaus."

„Wie war Ihr Urlaub in …?"

Nennen Sie nun den Grund Ihres Anrufs und nutzen Sie als Verstärker für den Termin den Kundennutzen. Hier einige Möglichkeiten:

Möglichkeiten:

- „Wir haben im Moment sehr gute Angebote im Bereich Altersvorsorge und ich möchte gerne einen Termin mit Ihnen vereinbaren, aber nur wenn das für Sie sinnvoll ist. *(Pause)* Deshalb meine Frage, inwieweit schöpfen Sie zurzeit die staatlichen Förderungen zur Altersvorsorge aus?"
- „Frau Meier, wir möchten Sie als Neukundin gerne zu uns einladen. Wir haben die Erfahrung gemacht, dass ein persönlicher Kontakt extrem hilfreich ist und für beide Seiten immer ein Gewinn ist. *(Pause)* Wann haben Sie denn mal eine halbe Stunde Zeit?"

- „Unser Service beinhaltet ein Jahresgespräch. Dabei erhalten Sie einen umfassenden Überblick über Ihre gesamte finanzielle Situation. Ich bin gerade dabei die Einladungen zu schreiben – wann darf ich Sie einladen?"
- „Was halten Sie davon, mit ganz wenig Aufwand einen Überblick über Ihre Finanzen und Versicherungen zu erhalten?" *Wenn der Kunde Interesse zeigt:* „Dann lassen Sie uns einen Termin vereinbaren."
- „Ich bin Ihr(e) (neue/r) Kundenberater(in) und möchte Sie gerne persönlich kennenlernen." *Falls Kunde nachfragt warum ggf. erläutern:* „Mir ist es wichtig, dass Sie mich kennen, damit Sie wissen, an wen Sie sich wenden können, wenn Sie Fragen oder Wünsche haben oder wirklich einmal eine Beratung (z.B. wegen einer Anschaffung, einer Finanzierung oder einer Anlage) benötigen."
- „Wir haben ja zurzeit eine besondere Situation auf dem Markt – Sie merken dies an den Zinsen. Aus diesem Anlass möchte ich mich gerne einmal mit Ihnen treffen, um mit Ihnen gemeinsam zu prüfen, welche Möglichkeiten Sie haben."
- „Sie haben ja verschiedene Anlagen bei uns im Haus. Ich möchte Sie gerne einladen, um mit Ihnen gemeinsam zu prüfen, ob das noch so für Sie passt / das noch Ihren Wünschen und Bedürfnissen entspricht."
- „Als Bank ist es uns wichtig / sehen wir es als unsere Aufgabe an, eine gute Beratung für unsere Mitglieder und Kunden zu bieten. Als unser Mitglied / unser Kunde haben Sie die Möglichkeit, von unserer ganzheitlichen Beratung zu profitieren und ich möchte Sie gerne zum Gesprächstermin einladen."

Phase 2: Fragen und Einwände behandeln

Wichtig beim Angebot eines Termins ist, dass wir den Kunden nicht fragen, **ob** er kommen möchte, sondern **wann** er am liebsten kommen möchte.

Als Frageformen eigen sich offene Fragen und Alternativfragen. Geschlossene Fragen, die mit einem kurzen Nein beantwortet werden können, verringern die Wahrscheinlichkeit für den Erfolg.

Mögliche Fragen sind:

- „Wann passt es bei Ihnen am besten?"
- „Passt es bei Ihnen vor- oder nachmittags besser?"

Wenn der Kunde einen Einwand formuliert, widersprechen Sie nicht, sondern gehen Sie positiv auf den Einwand ein, indem Sie aktiv zuhören und Verständnis formulieren für die Sichtweise des Kunden. Machen Sie anschließend eine Pause, sodass der Kunde die Gelegenheit hat, Ihnen zuzustimmen. Normalerweise entspannt sich die Gesprächsatmosphäre schnell, wenn der Kunde keine „Gegenwehr" erfährt. Nun können Sie nachfragen oder argumentieren:

Bei Einwand kein Interesse:

„Gut, dass Sie das so offen ansprechen, das kann ich nachvollziehen, dass ein Gespräch mit der Bank nicht das ist, wofür man sich wirklich interessiert" *(Pause)*

„Mit was könnte ich denn Ihr Interesse wecken?"

Bei Einwand: Sie wollen nur verkaufen:

„Ihnen ist wichtig, dass bei diesem Gespräch kein Verkaufsdruck entsteht – das kann ich gut verstehen!" *(Pause)*

„Natürlich sind wir ein Wirtschaftsunternehmen und es geht im Endeffekt darum, dass wir gerne Geschäfte mit Ihnen machen möchten, aber nur, wenn das auch wirklich für beide Seiten passt. Schließlich wollen wir Sie ja auch auf lange Sicht als Kunden behalten." *(Pause)*

„Wie könnten wir den Termin denn gestalten, dass wir beide was davon haben?"

Bei Einwand: Keine Zeit

„Sie haben im Moment nur wenig Zeit / viele Termine." *(Pause)*

„Wann würde es denn besser bei Ihnen passen?"

Bei Einwand: Kunde hat schon einen Berater

„Dann sind Sie ja bereits gut informiert und beraten, was Ihre Versicherungsprodukte angeht. Jetzt fragen Sie sich natürlich berechtigt, warum Sie da auch noch ein Gespräch mit mir wahrnehmen sollen, das ist absolut nachvollziehbar." *(Pause)*

„Sie sind gut über Ihre Versicherungsprodukte und anderen Anlagen informiert – lassen Sie uns das ergänzen, damit Sie auch einen guten Überblick über Ihre Bankanlagen haben."

Bei Einwand: Schicken Sie mir etwas!

„Sie möchten lieber zuerst postalisch informiert werden, bevor Sie einen Termin wahrnehmen, um sicher zu gehen, dass der Termin sich auch wirklich für Sie lohnt. Das verstehe ich.“ *(Pause)*

„Da bin ich jetzt in einer Zwickmühle. Weil eigentlich möchte ich Sie gerne ganz individuell beraten und Ihnen kein 08/15-Angebot senden.“ *(Pause)*

„Und natürlich würde ich Ihnen das Angebot auch erläutern und die verschiedenen Stellschrauben, mit denen wir spielen können, zeigen.“

Phase 3: Empfehlung oder Vereinbarung

Wenn ein Termin vereinbart wurde, folgt nun eine Terminsicherung. Dazu wiederholt der Berater den Termin noch einmal konkret:

„Dann reserviere ich den Termin am Dienstag, den 3. Februar um 16.30 Uhr für Sie. Ich sende Ihnen noch eine schriftliche Terminbestätigung.“

Versenden Sie zur Sicherheit noch eine Terminbestätigung als Mail, SMS oder Brief.

Phase 4: Abschluss

Anschließend bedankt sich der Mitarbeiter für das Telefonat und begründet diesen Dank, damit dieser glaubhaft wirkt.

Wenn Termin vereinbart wurde:

„Vielen Dank für das nette Gespräch, ich freue mich schon auf unseren Termin, Frau Meier“

Bei Wiedervorlage:

„Vielen Dank für das interessante Gespräch, ich melde mich dann wie besprochen Mitte Juni wieder bei Ihnen, damit wir dann einen Termin vereinbaren.“

Bei Einwand „kein Interesse“

„Noch einmal vielen Dank für Ihre Offenheit. Falls sich auf Ihrer Seite doch Beratungsbedarf ergibt, melden Sie sich gerne bei mir. Ich freue mich, von Ihnen zu hören!“

11.2 Gesprächsleitfäden Inbound

Wenn Kunden anrufen, gibt es wiederkehrende Situationen. Manchmal sind es Situationen, dass eine bestimmte Servicegrenze immer wieder zu Diskussionen führt. Mitarbeiter klagen dann und wünschen sich eine einheitliche „Sprachregelung“. Für diese Herausforderungen empfehle ich Ihnen Abschnitt 5.3. Dort erfahren Sie, wie Sie schwierige Sachverhalte vermitteln und finden Ideen, wie Ihre „Sprachregelung“ formuliert sein könnte.

Im Folgenden finden Sie Beispiele für Gesprächsleitfäden, wenn Sie Kunden, die bei Ihnen anrufen, aktiv auf bestimmte Themen ansprechen möchten. Dabei gilt es immer, zuerst das Anliegen des Kunden zu bearbeiten und erst dann das eigene Anliegen anzubringen. Damit dies den Kunden nicht wie eine Falle am Ende des Gesprächs vorkommt, kündigen Sie Ihr Anliegen zu Gesprächsbeginn gegebenenfalls kurz an.

11.2.1 Up-Selling und aktive Kundenbindung[78]

Beispiel: Ein Versicherungsunternehmen möchte die Verträge von langjährigen Kunden auf die neuen Versicherungsbedingungen umstellen. Dies ist oft verbunden mit einer Prämienanpassung, sprich Preiserhöhung.

Phase 1: Positive Gesprächsatmosphäre schaffen

„Herr Held, Sie möchten Ihre Adressdaten aktualisieren. Das mache ich natürlich gerne. Sie sind ja ein ganz langjährig treuer Kunde und ich sehe gerade, dass Ihr Rechtsschutzvertrag aus dem Jahr 1988 ist, Respekt. *(Pause)* Damit Sie mit Ihrem Vertrag im Schadensfall auf der sicheren Seite sind, lassen Sie uns im Anschluss an die Adressänderung einmal kurz zusammen prüfen, ob die Vertragsbedingungen noch so für Sie passen.“

Phase 2: Fragen

Nachdem das Anliegen des Kunden bearbeitet ist (hier die Adressänderung), erfolgt die Bedarfsanalyse für das Up-Selling. Dabei steigen Sie mit offenen Fragen ein, um möglichst viele Anhaltspunkte für den individuellen Nutzen Ihres Angebots zu sammeln.

„Jetzt lassen Sie uns Ihren Vertrag noch mal gemeinsam prüfen, damit Sie im Falle eines Falles auch wirklich richtig abgesichert sind. Was hat sich denn insgesamt seit 1988 in Ihrer

---

[78] Vgl. Abschnitt 3.2.6: Cross-Selling und aktive Kundenbindung

Lebenssituation geändert?“ *Wenn Kunde selbst keine Angaben macht, gibt Mitarbeiter nach und nach Beispiele.*

„So etwas wie Ihr Familienstand *(Pause)*, Kinder, die ausgezogen sind *(Pause)*, Ihre berufliche Situation *(Pause)*, Eigentum, Miete oder Vermietung ...?“

„Wie sieht es mit Risiken aus, die in absehbarer Zeit anstehen könnten? Sie wissen, wir versichern natürlich keine brennenden Häuser, aber vielleicht haben Sie ja in bestimmten Lebensbereichen Befürchtungen, dass es zu einer Auseinandersetzung kommen könnte.“

PAUSE; wenn Kunde selbst keine Angaben macht, nennt Mitarbeiter nach und nach Beispiele:

„So etwas wie ein Erbe, Veränderungen in der Nachbarschaft, der Kauf oder Bau eines neuen Hauses, das Internet ...?“

Phase 3: Individuelle Lösung

Danach fasst der Mitarbeiter zusammen:

„Sie sind nicht mehr berufstätig, brauchen also keinen Berufsrechtschutz mehr, aber wünschen sich Sicherheit bei der Nutzung des Internets, gerade wenn Sie im Internet etwas bestellen.“ *(Pause)*

„Wir haben die Möglichkeit, den Vertrag direkt zu aktualisieren. Wir nehmen den Berufsrechtschutz raus und stellen den Vertrag auf die aktuellen Bedingungen um, in denen der Online-Bereich mitversichert ist. *(Pause)* Für 30 € Monatsprämie sind alle Risiken, über die wir gesprochen haben, versichert, auch wenn Sie zum Beispiel im Internet etwas kaufen.“

Einwandbehandlung:

„Ich kann das sehr gut nachvollziehen, dass Sie da erst mal zögern, und bei einer Preiserhöhung lieber bei Ihrem bisherigen Vertrag bleiben möchten. *(Pause)*. Gibt es außer dem Preis noch etwas, was Sie in Bezug auf die Vertragsanpassung zögern lässt?“

Bei ja: Weiteren Einwand wertschätzend aufnehmen.

Bei nein:

„Uns ist wichtig, dass die Vertragsbedingungen auch den tatsächlichen Risiken entsprechen, und dass Sie nicht nur zufrieden sind, wenn nichts vorfällt, sondern gerade dann, wenn ein Versicherungsfall eintritt.“ *(Pause)*

Der Mitarbeiter nennt nun Änderungen der Vertragsbedingungen und belegt diese mit Fallbeispielen. Wichtig ist, dass hier eher ein „fachlicher Austausch“ als ein Überreden stattfindet.

Wenn Kunde Kaufsignal sendet:

„Soll ich die Umstellung direkt für Sie veranlassen?“

Wenn Kunde bei seiner Meinung bleibt:

„Das ist in Ordnung. Dann notiere ich mir, dass wir über die Umstellung gesprochen haben, und wenn Sie sich doch entscheiden, rufen Sie einfach kurz an.“

Phase 4: Positiver Ausklang

Bei erfolgreichem Up-Selling:

„Herr Held, dann schicke ich Ihnen die Unterlagen zur Vertragsumstellung heute noch raus. Gerade in Bezug auf den Schutz im Internet ist das die richtige Entscheidung.“

Wenn kein Up-Selling stattgefunden hat:

„Herr Held, dann danke, dass Sie sich die Zeit genommen haben, Ihren Vertrag zu prüfen. Wenn Sie noch Fragen haben, rufen Sie einfach an.“

In beiden Fällen positiver Abschlussverstärker:

„Ich wünsche Ihnen einen schönen Tag/ einen guten Start in die Woche/ einen tollen Urlaub in ...“

11.2.2 Terminvereinbarung mit Außendienstmitarbeiter B2B[79]

Beispiel:

Ein Anbieter von Lagersystemen (Regalsysteme, Paletten und Kleinstfahrzeuge für das Lager) möchte die Servicetelefonate mit Kunden dazu nutzen, dass Termine mit dem Außendienst vereinbart werden.

Praxistipp

Im Geschäftskundenbereich ist das Wort „Termin“ oft negativ belegt, da sich viele Geschäftskunden schon ohne Ihren Besuch im Termindruck befinden.

UND: Denken Sie an die offene Frage, fragen Sie nicht, ob es passt, sondern wann es (besser) passt!

---

[79] Vgl. Abschnitt 3.2.5: Terminvereinbarung

Phase 1: Positive Gesprächsatmosphäre schaffen

Zuerst greifen Sie das Anliegen des Kunden auf. Nach einem Blick in die Kundendatenbank sprechen Sie den Außendiensttermin direkt an.

„Herr Laggoli, ich sehe gerade, die Frau Grzbowsky war ja schon seit 1,5 Jahren nicht mehr bei Ihnen. Lassen Sie uns im Anschluss gleich noch mal gemeinsam in den Kalender sehen, wann es bei Ihnen beiden passt. Jetzt kümmern wir uns aber erst mal um *... (Anliegen des Kunden)*.

Wenn Kunde direkt einen Einwand formuliert:

„OK, verstehe *(Pause)*. Lassen Sie uns erst X erledigen, dann reden wir noch mal darüber."

Im Anschluss wird Anliegen X abschließend geklärt:

Phase 2: Fragetrichter und Einwandbehandlung

„Dann lassen Sie uns jetzt direkt nach einem Termin mit Frau Grzbowsky schauen."

Möglichkeiten, einen Termin vorzuschlagen:

- „Ich sehe in Frau Grzybowskys Kalender, dass sie ab KW ..., das ist ab dem 1. Oktober, wieder Zeit hat, wie sieht es bei Ihnen aus?"
- „Wann passt es Ihnen besser – vormittags oder nachmittags?
- Frau Grzybowsky ist in KW ..., das ist die Woche ab dem 1. Oktober, wieder bei Ihnen in der Gegend – wie sieht es da bei Ihnen im Kalender aus?
- Im Kalender sehe ich einen freien Termin am ... um ... Uhr und am ... um ... Uhr. Wann passt es Ihnen besser?

Einwand: Keine Zeit

„Das soll natürlich nicht in Stress ausarten! *(Pause)* Wann passt es denn wieder besser bei Ihnen?"

Wenn Kunde einen Zeitraum in der Zukunft nennt:

„Dann lassen Sie uns doch direkt Nägel mit Köpfen machen. Da sieht es hier im Kalender doch auch noch gut aus – Sie können frei wählen, wann soll ich den Besuch eintragen?"

Einwand: Nicht schon wieder die Grzybowski!

„Das klingt so, als wären Sie derzeit mir ihrer Betreuung nicht so glücklich?"

Hier ist wichtig, dass Sie die Kundenmeinung nicht anzweifeln, aber auch auf keinen Fall die Außendienstmitarbeiterin in ein schlechtes Licht rücken.

„Wir möchten Sie als Kunden kontinuierlich betreuen und Sie sollen das idealerweise natürlich auch als Mehrwert empfinden. Was wäre eine gute Lösung für Sie?“

Nachdem der Kunde seine Wünsche formuliert hat:

„OK, Ich bin sicher, wir finden da eine gute Lösung.“

Einwand: Sie wollen mir doch nur was verkaufen.

Da haben Sie natürlich prinzipiell recht, aber nur, wenn Sie auch wirklich was brauchen. *(Pause)* Und natürlich unterstützt Sie der Außendienstmitarbeiter auch bei allen anderen aktuellen Fragen zu Ihrem Lagersystem. Die Kollegen sind bei so vielen Kunden unterwegs und bringen immer wieder die pfiffigsten Ideen mit.“

Einwand: Warum schon wieder?

„Jetzt machen Sie mich nicht unglücklich, Sie müssen doch sagen: Endlich, wir haben Sie schon sehnlichst erwartet!“ *(bei humorvollen Kunden)*

„Ich verstehe, dass Ihnen das vorkommt wie gestern, das habe ich auch immer, wenn der Termin für die KFZ-Inspektion anfällt. *(Pause)* Ich persönlich kann Ihnen nicht sagen warum, aber Sie haben bestimmt eine Idee. Kleines Experiment: Wenn wir heute in Ihr Lager gehen und vergleichen das mit vor 1,5 Jahren, was hat sich denn alles verändert?“

Wenn Kunde keine Hinweise gibt, nennt Mitarbeiter relevante Faktoren:

„Neue Waren *(Pause)*, Anordnung der Regale *(Pause)*, neue Mitarbeiter *(Pause)*, Anzahl der Mitarbeiter *(Pause)*, logistische Abläufe *(Pause)*, ...“

Phase 3: Individuelle Lösung

Bei Termin:

„Dann trage ich jetzt in Frau Grzybowskys Kalender den 29.3. um 15 Uhr ein. Ich schicke Ihnen dann auch direkt eine Einladung.“

Wenn der Kunde sich gar nicht auf einen Termin einlassen möchte:

Möglichkeiten

„Herr Laggoli, jetzt bin ich wirklich tief betrübt. So einen Korb wie von Ihnen habe ich mir schon lange nicht mehr abgeholt. *(Pause)* Spaß beiseite: Gerade wenn Sie gar keinen Kontakt vor Ort mit uns haben, werde ich Sie zumindest einmal jährlich anrufen, um zu hören, dass alles in Ordnung ist – und Sie melden sich bitte auch bei mir, wenn Sie Fragen haben?“ *(bei humorvollen Kunden)*

„Dann verbleiben wir so, Herr Laggoli, dass Sie sich einfach von Ihrer Seite aus melden, wenn etwas anfällt. Ich werde mich von meiner Seite einfach einmal im Jahr telefonisch bei Ihnen melden und nachhören, wie zufrieden Sie sind.“

Phase 4: positiver Ausklang

Unabhängig von Gesprächsergebnis:

„Ich wünsche Ihnen einen schönen Tag / einen guten Start in die Woche / einen tollen Urlaub in …“

Anhang

Telefonalphabet

Wenn Sie Eigennamen buchstabieren, empfiehlt sich am Telefon das Nutzen eines Telefonalphabets:

Buchstabe	deutsch	Internationale Fernmeldeunion
A	Anton	Alfa
B	Berta	Bravo
C	Cäsar	Charlie
D	Dora	Delta
E	Emil	Echo
F	Friedrich	Foxtrott
G	Gustav	Golf
H	Heinrich	Hotel
I	Ida	India
J	Julius	Juliett
K	Kaufmann	Kilo
L	Ludwig	Lima
M	Martha	Mike
N	Nordpol	November
O	Otto	Oskar
P	Paula	Papa
Q	Quelle	Quebec

R	Richard	Romeo
S	Siegfried, Samuel	Sierra
T	Theodor	Tango
U	Ulrich	Uniform
V	Viktor	Victor
W	Wilhelm	Whiskey
X	Xanthippe	X-Ray
Y	Ypsilon	Yankee
Z	Zeppelin, Zacharias	Zulu
Ch	Charlotte	Charlie-Hotel
Sch	Schule	-
ß	Eszett	-
Ä	Ärger	-
Ü	Übermut	-
Ö	Ökonom	-

Literaturverzeichnis

Bauer, Joachim „Warum ich fühle, was Du fühlst. Intuitive Kommunikation und das Geheimnis der Spiegelneurone." 2016

Bauer, Joachim „Prinzip Menschlichkeit. Warum wir von Natur aus kooperieren." 2006

Berne, Eric und Wagmuth, Wolfram „Spiele der Erwachsenen: Psychologie der menschlichen Beziehung." 2002

Carnegie, Dale „Wie man Freunde gewinnt: Die Kunst, beliebt und einflussreich zu werden." 2011

de Bono, Edward „Serious Creativity: Die Entwicklung neuer Ideen durch die Kraft lateralen Denkens." 1996

de Shazer, Steve „Clues: Investigating Solutions in Brief Therapy." 1988

Fisher, Roher, Ury, William und Patton, Bruce „Das Harvard-Konzept. Sachgerecht verhandeln – erfolgreich verhandeln." 2000

Friedemann Schulz von Thun „Miteinander reden." Band 1 von 4: Störungen und Klärungen; 2014

Garcia, Isabel „Ich rede. Coaching für Stimme und Persönlichkeit." Hörbuch 2009

Gordon, Thomas „Das Gordon-Modell: Anleitung für ein harmonisches Leben: Eine Einführung" 1998

Hey, Julius „Der kleine Hey: Die Kunst der Sprache." 2012

Rizzolatti, Giacomo „Empathie und Spiegelneurone: Die biologische Basis des Mitgefühls" 2008

Rosenberg, Marshall „Gewaltfreie Kommunikation: Eine Sprache des Lebens." 2012

Schmidt, Gunther „Liebesaffäre zwischen Problem und Lösung. Hypnosystemisches Arbeiten in schwierigen Kontexten." 2007

Schmitt, Stefan „Telefonieren: Ruf! Mich! Nicht! An!" Die Zeit; Ausgabe 50 2015

Starrett, Kelly „Sitzen ist das neue Rauchen: Das Trainingsprogramm, um lebensstilbedingten Haltungsschäden vorzubeugen und unsere natürliche Mobilität zurückzugewinnen“ 2016

von Kleist, Heinrich „Sämtliche Werke und Briefe in vier Bänden.“ 1986

Weißbecker-Klaus „Multitasking und Auswirkungen auf die Fehlerverarbeitung: Psychophysiologische Untersuchung zur Analyse von Informationsverarbeitungsprozessen“ 2014

Links zum Thema gesundes Sitzen / gesunder Arbeitsplatz

IG Metall (Hrsg.): Informationen für Beschäftigte – Themen-Flyer Ergonomisch am Bildschirm arbeiten. Frisch und entspannt durch den Arbeitsalltag! unter www.igmetall.de

AOK Rheinland/Hamburg: Fit im Büro, Informationen, Übungen und interaktiver Trainer online unter: www.aok.de

Bundesanstalt für Arbeitsschutz und Arbeitsmedizin: Sitzlust statt Sitzfrust. Dortmund 2004. Download unter www.inqa.de

Wir stärken Ihnen den Rücken: Haltung wahren. Gesundheitstipps, hg. von BKK Bundesverband 2006, Download unter www.bkk.de

Gesunder Rücken. Online-Informationen der Techniker Krankenkasse mit Grundlageninformationen, Krankheitsbildern, Übungen und Tests www.tk.de

Stichwortverzeichnis